高等职业教育自动化类专业系列教材

电机与拖动基础项目化教程

（第2版）

莫莉萍　白　颖　主　编

胡　亮　副主编

蒋庆斌　主　审

U0217991

电子工业出版社

Publishing House of Electronics Industry

北京·BEIJING

内 容 简 介

本书是项目任务式教材，主要包含 4 个项目，15 个任务。"项目 1 直流电动机"设置了 4 个任务，从直流电动机的拆装入手，依次介绍直流电动机的机械特性，直流电动机的起动、反转、调速等电力拖动问题，最后介绍直流电动机的常见故障以及故障维修；"项目 2 交流电动机"设置了 4 个任务，介绍三相异步电动机的结构、工作原理、机械特性、电力拖动及电气检查；"项目 3 变压器的性能测试、同名端、联结组判定"设置了 3 个任务，介绍变压器的结构、工作原理，变压器同名端的判定方法以及三相变压器联结组的判定方法；"项目 4 控制电动机"设置了 4 个任务，介绍伺服电动机及其应用、步进电动机及其应用、无刷直流电动机及其应用以及测速发电机及其应用。

本书将能力培养作为目标，书中内容弱化理论推导，如电动机的磁场、磁路等只做简单介绍，强化实践能力的训练，项目、任务的选取紧贴企业实际，突出工艺要点与操作技能，同时强化了实训考核力度，以保证人才培养质量。

本书适用于高职高专、成人高校、民办高校等同类学校的供用电技术、电力系统自动化技术、电气自动化、机电一体化、工业机器人技术、数控设备与维护等专业，也可作为维修电工考证教材。

图书在版编目（CIP）数据

电机与拖动基础项目化教程 / 莫莉萍，白颖主编 . –– 2 版 . –– 北京：电子工业出版社，2024.6
ISBN 978–7–121–47975–5

Ⅰ . ①电… Ⅱ . ①莫… ②白… Ⅲ . ①电机 – 高等学校 – 教材②电力传动 – 高等学校 – 教材 Ⅳ .
①TM3②TM921

中国国家版本馆 CIP 数据核字（2024）第 109214 号

责任编辑：魏建波

印　　刷：三河市兴达印务有限公司
装　　订：三河市兴达印务有限公司
出版发行：电子工业出版社
　　　　　北京市海淀区万寿路173信箱　邮编　100036
开　　本：787×1092　1/16　印张：10　字数：256 千字
版　　次：2018年6月第1版
　　　　　2024年6月第2版
印　　次：2025年2月第2次印刷
定　　价：39.00 元

凡所购买电子工业出版社图书有缺损问题，请向购买书店调换。若书店售缺，请与本社发行部联系，联系及邮购电话：（010）88254888，88258888。

质量投诉请发邮件至 zlts@phei.com.cn，盗版侵权举报请发邮件至 dbqq@phei.com.cn。

本书咨询联系方式：（010）88254609 或 hzh@phei.com.cn 或 QQ6291419。

前　言

　　教材是影响教学效果最重要的因素之一，本教材以深化教育改革、构建高效课堂为目标，在行业专家、课程专家的指导下，从职业岗位工作任务分析着手，通过课程分析和任务目标分析，选择贴近职业岗位的典型任务，采用项目任务式的编写方法。

　　本教材最主要的特点有如下几个：

　　第一，以岗位能力需求为教材内容选择宗旨。教材内容选取时，以市场为导向，以培养面向中国制造强国战略的先进制造类企业，能从事机电类产品的安装调试、操作维护、维修管理等相关岗位工作，具有机电类职业岗位（群）所需的基础知识及专业技能、具有较强综合职业能力的高素质技术技能型人才为目标。

　　第二，以项目驱动、任务引领为课程开发策略。把系统、烦琐、难以理解的学科理论知识通过一个个实践项目分解开来，项目内设任务，项目和任务按照由易到难的顺序递进，符合高职学生的认知特点和学习规律。每完成一个任务，均给学生评分结果，使学生既获得某工作任务所需要的综合职业能力，又从任务完成中获得成就感，以激发学生的学习兴趣，适合"学生主体"的教学模式改革需要。

　　本教材的总体框架体现了高职高专教学改革的特点，理论知识以够用为度，突出实践能力的培养。与传统教材相比，本教材摒弃了烦琐的公式推导，力求深入浅出、通俗易懂，便于自学和教学。

　　参加本教材编写工作的有：常州机电职业技术学院莫莉萍老师（项目 1、项目 2）、白颖老师（项目 3 中的任务 1、任务 2）、王青老师（项目 3 中的任务 3）、胡亮老师和常州强德电机有限公司殷国强工程师（项目 4）。教材上链接的资源完成人主要为莫莉萍、白颖、薛双双、殷国强。全书由莫莉萍老师负责统稿。本教材由蒋庆斌担任主审。

　　编写本教材时，编者查阅和参考了众多文献资料，受到许多启发，在此向参考文献的作者们致以诚挚的谢意。

　　由于编者水平有限，时间仓促，教材中难免有疏漏和不足之处，恳请使用本教材的师生和读者多提宝贵意见。

编　者

2024 年 1 月

目　录

绪 论 >>

一、电机的发展历史

1. 电机的定义

列车为什么能飞驰而过呢？雷达为什么能准确定位飞机呢？全自动生产线为什么能大大地减少人的体力劳动呢？各种机床为什么能高速旋转呢？家用的洗衣机、电冰箱、风扇为什么能工作呢？……所有这些都离不开各种驱动电机、控制电机和电器产品。

电机是以电磁感应和电磁力定律为基本工作原理进行电能的传递或机电能量转换的机械装置。

2. 电机的发展历史

谈到电机的发展历史，一定会提到三位伟人，汉斯·奥斯特（丹麦物理学家、化学家）（见图0-1）、安德烈·玛丽·安培（法国物理学家、化学家、数学家）（见图0-2）、迈克尔·法拉第（英国物理学家、化学家）（见图0-3）。

图 0-1　汉斯·奥斯特

HansØ rsted
1777 年—1851 年

图 0-2　安德烈·玛丽·安培

André-Marie Ampère
1775 年—1836 年

图 0-3　迈克尔·法拉第

Michael Faraday
1791 年—1867 年

1820 年奥斯特发现了电流磁效应，随后安培通过总结电流在磁场中所受机械力的情况建立了安培定律。1821 年 9 月法拉第发现通电的导线能绕永久磁铁旋转以及磁体绕载流导体的运动，第一次实现了电磁运动向机械运动的转换，从而建立了电动机的实验室模型，如图0-4所示。

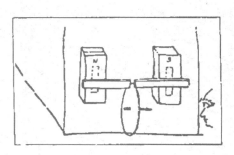 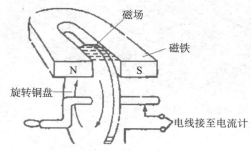

图 0-4　法拉第日记中的电动机草图

图 0-5　法拉第圆盘发电机照片（1831 年）

1831 年，法拉第利用电磁感应原理发明了世界上第一台真正意义上的电机—法拉第圆盘发电机，如图 0-5 所示。这台发电机的构造跟现代的发电机不同，在磁场中所转动的不是线圈，而是一个用紫铜做的圆盘，圆心处固定一个摇柄，圆盘的边缘和圆心处各与一个电刷紧贴，用导线把电刷与电流表连接起来。铜圆盘放置在蹄形永磁体的磁场中，当转动摇柄使铜圆盘旋转起来时，电流表的指针偏向一边，电路中产生了持续的电流。

　　1831 年夏，亨利对法拉第的电动机模型进行了改进，该装置的运动部件是在垂直方向上运动着的电磁铁，当它们端部的导线与两个电池交替连接时，电磁铁的极性自动改变，电磁铁与永磁体相互吸引或排斥，使电磁铁以每分钟 75 个周期的速度上下运动。

　　亨利发明的电动机的重要意义在于这是人类历史上第一次展示了由磁极排斥和吸引产生的连续运动，是电磁铁在电动机中的真正应用。

　　1832 年，斯特金发明了换向器，据此对亨利的振荡电动机进行了改进，并制作了世界上第一台能产生连续运动的旋转电动机。后来他还制作了一个并励直流电动机。

　　1834 年，德国的雅可比在两个 U 形电磁铁中间安装一个六臂轮，每臂带两根棒型磁铁，通电后，棒型磁铁与 U 形电磁铁之间产生相互吸引和排斥作用，带动轮轴转动。

　　1882 年，德国将米斯巴哈水电站发出的 2kW 直流电在电压 1500 ～ 2000V 下通过 57km 电线输送到慕尼黑，证明直流远距离输电的可能性。

　　以上介绍的都是直流电机，直流电在传输过程中的缺点有：电压越高，电能的传输损失越小。制造高压直流发电机困难较大，而且单机容量越大，换向也越困难。换向器上的火花使其工作不稳定，因而人们就把目光转向交流电机。

　　1824年，法国人阿拉果（D. F. J. Arago）在转动悬挂着的磁针时发现其外围环上受到机械力。1825年，他重复这一实验时，发现外围环的转动又使磁针偏转，这些实验导致了后来感应电动机的出现。

　　1888年，美国发明家特斯拉发明了交流电动机。它是根据电磁感应原理制成的，又称感应电动机。这种电动机结构简单，使用交流电，无电火花产生，因此被广泛应用于工业和家庭电器中。

　　1891年，奥斯卡·冯·米勒在法兰克福世界电气博览会上宣布：他与多里沃合作架设的从劳芬到法兰克福的三相交流输电电路，可把劳芬的一架300×735.5W（300马力）55V三相交流发电机的电流经三相变压器提高到了万伏，输运175km，顺利通电，从此三相交流电机代替了工业上的直流电机，因为三相制的优点十分明显：材料可靠，结构简单，性能好，效率高，用铜省，在电力驱动方面又有重大效益。因此，各种各样的电动机迅速发展起来。1896年，特斯拉的两相交流发电机在尼亚拉发电厂开始工作，3750kW，5000V的交流电一直被送到40km外的布法罗市。

视频
电机的制造

二、电机的分类

　　电机的种类有很多，可以从不同的角度对电机进行分类。为了能让读者建立一个感性认识，对电机进行简单的分类如图0-6所示，当然，也可以从下面几方面对电机进行分类。

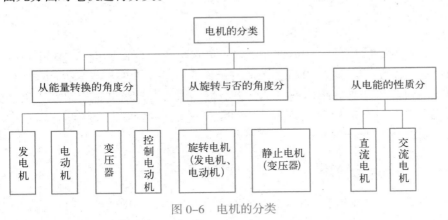

图0-6　电机的分类

PPT
直流电机的
分类

PPT
交流电机的
分类

1. 按工作电源分类

　　根据电机工作电源的不同，可分为直流电机和交流电机。其中交流电机还分为单相电机和三相电机。

2. 按结构及工作原理分类

　　电机按结构及工作原理可分为异步电机和同步电机。同步电机还可分为永磁同步电机、磁阻同步电机和磁滞同步电机。异步电机可分为感应电机和交流换向器电机。感应电机又分为三相异步电机、单相异步电机和罩极异

动画
三相同步发
电机

步电机。交流换向器电机又可分为单相串励电机、交直流两用电机和推斥电机。直流电机按结构及工作原理可分为无刷直流电机和有刷直流电机。有刷直流电机可分为永磁直流电机和电磁直流电机。电磁直流电机又分为串励直流电机、并励直流电机、他励直流电机和复励直流电机。永磁直流电机又分为稀土永磁直流电机、铁氧体永磁直流电机和铝镍钴永磁直流电机。

3. 按起动与运行方式分类

电机按起动与运行方式可分为电容起动式电机、电阻起动式电机、电容起动运转式电机和分相式电机。

4. 按用途分类

电机按用途可分为驱动用电机和控制用电机。驱动用电机又分为电动工具（包括钻孔、抛光、磨光、开槽、切割、扩孔等工具）用电机、家电（包括洗衣机、电风扇、电冰箱、空调器、录音机、录像机、影碟机、吸尘器、照相机、电吹风、电动剃须刀等）用电机及其他通用小型机械设备（包括各种小型机床、小型机械、医疗器械、电子仪器等）用电机。控制用电机又可分为步进电机和伺服电机等。

5. 按转子的结构分类

电机按转子的结构可分为笼型感应电机（旧标准称为鼠笼型异步电机）和绕线转子感应电机（旧标准称为绕线型异步电机）。

6. 按运转速度分类

电机按运转速度可分为高速电机、低速电机、恒速电机、调速电机。低速电机又分为齿轮减速电机、电磁减速电机、力矩电机和爪极同步电机等。调速电机除可分为有级恒速电机、无级恒速电机、有级变速电机和无级变速电机外，还可分为电磁调速电机、直流调速电机、PWM变频调速电机和开关磁阻调速电机。

三、电机的应用

现代各种机械都广泛应用电机来拖动。电机按电源的种类可分为交流电机和直流电机，交流电机又分为异步电机和同步电机两种，其中异步电机具有结构简单、工作可靠、价格低廉、维护方便、效率较高等优点，它的缺点是功率因数较低，调速性能不如直流电机。异步电机是所有电机中应用最广泛的一种。一般的机床、起重机、传送带、鼓风机、水泵以及各种农副产品的加工等都普遍使用三相异步电机，如图0-7所示。各种家用电器、医疗器械和许多小型机械则使用单相异步电机，而在一些有特殊要求的场合则使用特种异步电机。由于直流电机具有良好的起动和调速性能，常应用于对起动和调速有较高要求的场合，如大型可逆式轧钢机、矿井卷扬机、龙门刨床、电动机车、大型车床和大型起重机等生产机械中。

微课
交流电机的分类

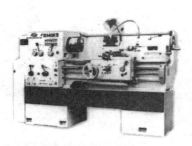

(a) 普通车床

(b) 摇臂钻床

(c) 自动生产线

(d) 万能铣床

图 0-7　三相异步电机的应用

　　直流发电机主要用作各种直流电源，如直流电机电源、化学工业中电解电镀所需的低电压大电流的直流电源、直流电焊机电源等。

　　直流电机的用途与其励磁方式有密切关系，下面就按照不同的励磁方式来说明直流电动机和发电机的各种用途，分别见表 0-1 和表 0-2。

表 0-1　直流电动机的用途

励磁方式	他励	并励	串励	复励
用途	用于起动转矩较大的恒速负载和要求调速的传动系统，如离心泵、风机、金属切削机床、纺织印染、造纸和印刷机械等	用于要求具有很大的起动转矩，转速允许有较大变化的负载，如蓄电池供电车、起货机、起锚机、电车、电力传动车等		用于要求起动转矩较大，转速变化不大的负载，如空气压缩机、冶金辅助传动机械等

表 0-2　直流发电机的用途

励磁方式	他励	并励	串励	复励
用途	用于交流电动机 - 直流发电机 - 直流电动机系统中，实现直流电动机的恒转矩、宽调速	充电、电镀、电解、冶炼等用直流电源	用作升压机等	直流电源，如用柴油机拖动的独立电源等

　　由于直流电动机具有良好的起动和调速性能，常应用于对起动和调速有较高要求的场合，如大型可逆式轧钢机、矿井卷扬机、宾馆高速电梯、龙门刨床、电力机车、内燃机车、城市电车、地铁列车、电动自行车、造纸和印刷机械、船舶机械、大型精密机床和大型起重机等生产机械中，图 0-8 所示的是其应用的几个实例。

（a）电动剃须刀　　　　　　　　　　　（b）电动自行车

（c）造纸机　　　　　　　　　　　　　（d）地铁列车

图 0-8　直流电动机的应用实例

四、本课程的特点及学习方法

"电机与拖动基础"是把"电机学"和"电力拖动基础"两门课程有机结合而成的一门课程。

电能易于转换、传输、分配和控制，是现代能源的主要形式。发电机把机械能转化为电能。而电能的生产集中在火力、水力、核能和风力发电厂进行。

为了减少输电过程中的能量损失，远距离输电均采用高电压形式：电厂发出的电能经变压器升压，然后经高压输电线路送达目的地，再经变压器降压供给用户。

电能转换为机械能主要由电动机完成。电动机拖动生产机械运转的系统称为**电力拖动或机电传动系统**，简单的机电传动系统如图 0-9 所示，虚线框②是电源部分，虚线框①是机电传动部分，两者交叠的部分是电动机，因此机电传动系统的核心就是电动机。

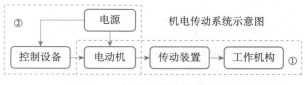

图 0-9　简单的机电传动系统

由于电动机的效率高、种类和规格多、具有各种良好的特性，电力拖动易于操作和控制，可以实现自动控制和远距离控制，因此，电力拖动广泛应用于国民经济的各个领域。例如，各种机床、轧制生产线、电力机车、风机、水泵、电动工具乃至家用电器等，数不胜数。在供用电技术、电力系统自动化技术、机电一体化技术、电气自动化技术等专业中，"电机与拖动基础"是一门十分重要的专业基础课，它在整个专业教学计划中起着承前启后的作用，它是运用"机械基础""电工基础"等基础课程的理论来分析研究直流电动机、变压器、异步电动机等的简单结构、原理、基本电磁关系和运行特性，从而得出各类电动机的一般规律、机械特性及其控制规律，并初步联系生产实际，从生产机械工作的要求出发，重点介绍各种电动机的应用，为后续专业课程"电气控制技术""可编程控制器应用""电力拖动自动控制系统""电力电子技术"打下坚实的基础。因此，本课程既具有较强的基础性，又带有专业性。

项目 1

>> 直流电动机

电动机按电源种类的不同可分为交流电动机和直流电动机，直流电动机与交流电动机相比，具有调速范围广，调速平滑、方便；过载能力大，能承受频繁的冲击负载；可实现频繁的无级快速起动、制动和反转；能满足生产过程自动化系统各种不同的特殊运行要求。而直流发电机则具有提供无脉动的电力、输出电压便于精确调节和控制等特点。但直流电动机也有它显著的缺点：一是制造工艺复杂，消耗有色金属较多，生产成本高；二是直流电动机在运行时由于电刷与换向器之间易产生火花，因而运行可靠性较差，维护比较困难，所以在一些领域中已被交流变频调速系统所取代，但是直流电动机的应用在市场中目前仍占有较大的比重。

本项目主要了解直流电动机的工作原理、基本结构、各部分的主要作用及其分类，学会直流电动机的拆装与维修的基本技能。

延伸阅读
电气工程师
的职业素养

任务 1 直流电动机的拆装

直流电动机由于电流换向的需要，存在换向器、电刷装置等零部件。与交流电动机相比，其结构较复杂，运行维护工作量大，需要经常拆装。本任务主要培养学生熟悉直流电动机的结构，学会拆装直流电动机。

导学
直流电动机

◎ 任务目标

（1）能熟悉小型直流电动机的结构。
（2）能掌握小型直流电动机的拆装工艺。
（3）能正确使用各种拆装工具，完成直流电动机的拆装。

PPT
直流电动机的
结构

⚡ 任务引导

1. 直流电动机的结构

直流电动机由定子与转子（电枢）两大部分组成，定子部分包括机座、主磁极、换向极、端盖、电刷装置等；转子部分包括电枢铁芯、电枢绕组、换向器、转轴、风扇等部件。直流电动机的基本结构如图 1-1 所示。小型直流电动机的结构分解如图 1-2 所示。

微课
直流电动机
的结构

动画
直流电动机
的结构

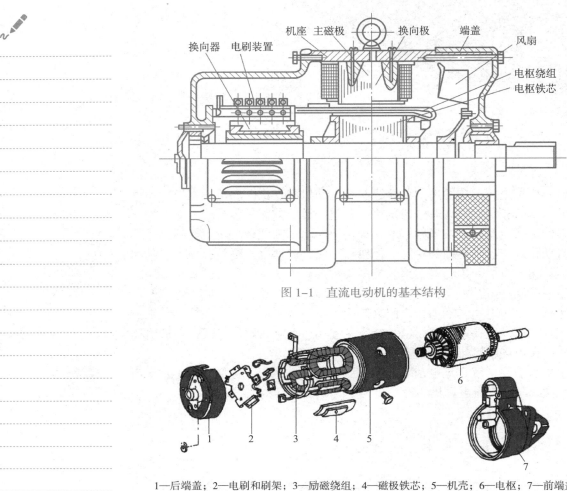

图 1-1　直流电动机的基本结构

1—后端盖；2—电刷和刷架；3—励磁绕组；4—磁极铁芯；5—机壳；6—电枢；7—前端盖

图 1-2　小型直流电动机的结构分解

下面介绍直流电动机主要零部件的结构及作用。

（1）定子部分

① 主磁极。主磁极的作用是产生气隙磁场，由主磁极铁芯和主磁极绕组（励磁绕组）构成，如图 1-3 所示。主磁极铁芯一般由 1.0 ～ 1.5mm 厚的低碳钢板冲片叠压而成，包括极身和极靴两部分。极靴被做成圆弧形，以使磁极下气隙磁通较均匀。极身上面套励磁绕组（由绝缘铜线绕制而成），绕组中通入直流电流。整个磁极用螺钉固定在机座上。直流电动机的主磁极总是成对的，相邻主磁极的极性按 N 极和 S 极交替排列。

② 换向极。换向极用来改善换向，由铁芯和套在铁芯上的绕组构成，如图 1-4 所示。换向极铁芯一般用整块钢制成，如换向要求较高，则用 1.0 ～ 1.5mm 厚的钢板叠压而成，其绕组中流过的是电枢电流。换向极装在相邻两主极之间，用螺钉固定在机座上。

③ 机座。机座既可以固定主磁极、换向极、端盖等，又是电动机磁路的一部分（称为磁轭）。机座一般用铸钢或厚钢板焊接而成，具有良好的导磁性能和机械强度。

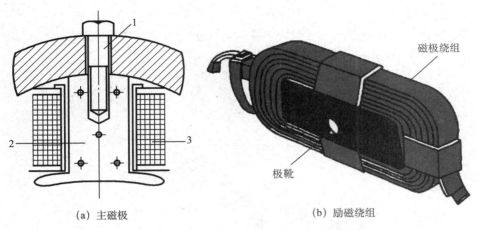

(a) 主磁极　　　　　　　　　　　　　(b) 励磁绕组

1—固定主磁极的螺钉；2—主磁极铁芯；3—励磁绕组

图 1-3　直流电动机的主磁极

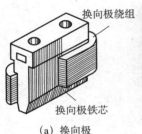

(a) 换向极　　　(b) 安装在机座里面的换向极　　　(c) 换向极安装示意图

图 1-4　直流电动机的换向极

④ 电刷装置。电刷装置与换向器配合可以把转动的电枢绕组电路和外电路相连接。对发电机而言，可以把电枢绕组中的交流电转变成电刷两端的直流电；对电动机而言，可以把电刷两端的直流电变成电枢绕组中的交流电。电刷装置由电刷、刷握、刷杆、座圈、弹簧等构成，如图 1-5 所示。电刷是用碳 – 石墨等做成的导电块，电刷装在刷握的刷盒内，用弹簧把它紧压在换向器表面上。电刷组的个数，一般等于主磁极的个数。

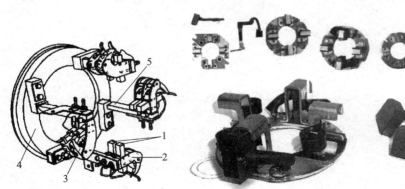

(a) 刷杆架示意图　　　　　　　　(b) 刷架实物图片

1—电刷；2—刷握；3—弹簧；4—座圈；5—刷杆

图 1-5　直流电动机的电刷装置

图片
电刷1

图片
电刷2

视频
电动机冲片的
冲制

（2）转子部分

转子，又称电枢，转子部分的主要作用是实现机电能量的转换。转子部分包括电枢铁芯、电枢绕组、换向器等。

① 电枢铁芯。电枢铁芯是电动机磁路的一部分，其外圆周开槽，用来嵌放电枢绕组。电枢铁芯一般用 0.5mm 厚、两边涂有绝缘漆的硅钢片叠压而成，如图 1-6 所示。电枢铁芯固定在转轴或转子支架上。铁芯较长时，为加强冷却，可把电枢铁芯沿轴向分成数段，段与段之间留有通风孔。

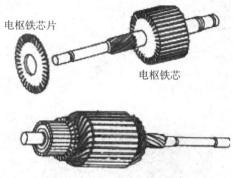

电枢铁芯片

电枢铁芯

图 1-6　直流电动机的电枢铁芯

② 电枢绕组。电枢绕组是用绝缘铜线绕制的线圈按一定规律嵌放到电枢铁芯槽中的，并与换向器进行相应连接。线圈与铁芯之间以及线圈的上下层之间均要妥善绝缘，用槽楔压紧，再用玻璃丝带或钢丝扎紧。电枢绕组是电动机的核心部件，电动机工作时在其中产生感应电动势和电磁转矩，实现机电能量的转换，如图 1-7 所示。

图片
电枢绕组1

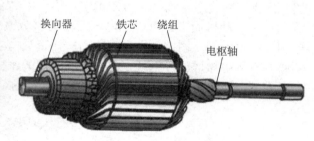

换向器　铁芯　绕组

电枢轴

图片
电枢绕组2

（a）还未与换向器连接的电枢绕组　　　　　　（b）与换向器连接好的电枢绕组

图 1-7　直流电动机的电枢绕组

③ 换向器。它是由许多带有燕尾槽的楔形铜片组成的一个圆筒，铜片之间用云母片绝缘，用套筒、云母环和螺帽紧固成一个整体，换向片和套筒之间要妥善绝缘。电枢绕组中每个线圈上的两个端头接在不同换向片上。金属套筒式换向器如图 1-8 所示。小型直流电动机的换向器是用塑料紧固的。换向器与电刷一起，起转换电动势和电流的作用。

动画
直流电动机换
向器

（3）气隙

定子与转子之间有空隙，称为气隙。在小容量电动机中，气隙约为

0.5 ～ 3mm。气隙数值虽小，磁阻却很大，为电动机磁路中的主要组成部分。气隙的大小对电动机运行性能有很大影响。

1－换向片；2－垫圈；3－绝缘层；
4－套筒；5－螺帽

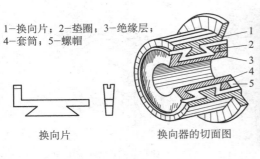

换向片　　　换向器的切面图

（a）换向器的解剖图

（b）换向器实物图

图 1-8　金属套筒式换向器

图片
换向器

图片
换向器2

PPT
直流电动机的
工作原理

微课
直流电动机的
工作原理

动画
直流电动机的
磁路

视频
电动机的工作
原理

2. 直流电动机的工作原理

所有电机都是依据两条基本原理制造的：一条是导线切割磁力线产生感应电动势，即电磁感应的原理；另一条是载流导体在磁场中受电磁力的作用，即电磁力定律。前者是制造发电机的基本原理，后者是制造电动机的基本原理。因此，从结构上来看，任何电机都包括磁路部分和电路部分，从原理上看都体现着电和磁的相互作用。下面我们建立直流电动机的物理模型，如图 1-9 所示，来研究直流电动机的工作原理。

电刷

换向片

绕组线圈

主磁极

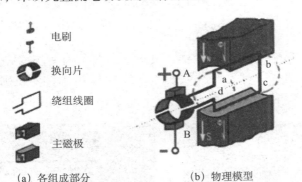

（a）各组成部分　　　　（b）物理模型

图 1-9　直流电动机的物理模型

把电刷 A、B 接到直流电源上，假定电流从电刷 A 流入线圈，沿 a→b→c→d 方向，从电刷 B 流出。由电磁力定律可知，载流的线圈将受到电磁力的推动作用，其方向按左手定则确定，ab 边受力向左，cd 边受力向右，形成转矩，结果使电枢按逆时针方向转动，如图 1-10（a）所示；当电枢转过 180° 时，如图 1-10（b）所示，电流仍从电刷 A 流入线圈，沿 d→c→b→a 方向，从电刷 B 流出。与图 1-10（a）比较，通过线圈的电流方向改变了，但两个线圈边受电磁力的方向却没有改变，即电动机只向一个方向旋转。若要改变其转向，必须改变电源的极性，使电流从电刷 B 流入，从电刷 A 流出才行。

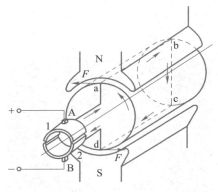

(a) 线圈abcd 0°时

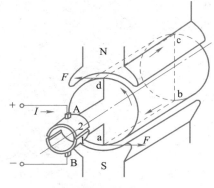

(b) 线圈abcd转过180°后

图 1-10　直流电动机的原理图

从以上分析可知：一个线圈边从一个磁极范围经过中性面到相邻的异性磁极范围时，电动机线圈中的电流方向改变一次，而电枢的转动方向却始终不变，通过电刷与外电路连接的电动势、电流方向也不变。这就是换向器的作用了。

 提 示

无论是直流电动机还是直流发电机，电枢绕组中的电流都是交变的。

因此，直流电动机运行时可以得出以下几点结论：

- 直流电动机外施的电流是直流电，但电枢线圈内的电流是交流电。直流电动机换向器将外部的直流电转变成了内部交替变化的交流电。
- 线圈中的感应电动势与电流方向相反。
- 电动机产生的电磁转矩 T_{em} 与转子转向相同，是驱动性质的转矩。

3. 直流电动机的铭牌数据

直流电动机的机座上和三相异步电动机一样都有一块铭牌，上面标有电动机的型号、功率等有关技术数据，如图 1-11 所示，要正确使用电动机，就必须要看懂铭牌。

(a) 铭牌固定在机座外

(b) 直流电动机铭牌示例

图 1-11　直流电动机的铭牌

（1）直流电动机型号的表示方法

第一部分用大写的拼音表示产品代号，第二部分用阿拉伯数字表示设计序号，第三部分用阿拉伯数字表示机座代号，第四部分用阿拉伯数字表示电枢铁芯长度代号。

例如：Z2—92，字母和数字表示的意思依次是

Z：表示一般用途直流电动机；

2：表示设计序号，第二次改型设计；

9：表示机座代号；

2：电枢铁芯长度代号。

（2）直流电动机的额定值

额定值是根据电动机制造厂对电动机正常运行时有关的电量或机械量所规定的数据。额定值是选用电动机的依据。直流电动机的额定值有以下几个。

- 额定功率：电机在额定情况下允许输出的功率，对于发电机，是指输出的电功率；对于电动机，则是指轴上所输出的机械功率，单位一般为 W 或 kW。
- 额定电压：在额定情况下，电刷两端输出或输入的电压，单位为 V。
- 额定电流：在额定情况下，电动机流出或流入的电流，单位为 A。

直流发电机额定功率、电压、电流之间的关系是

$$P_N = U_N \times I_N \tag{1-1}$$

直流电动机额定功率、电压、电流之间的关系为

$$P_N = U_N \times I_N \times \eta_N \tag{1-2}$$

式中，η_N——额定效率。

- 额定转速：在额定功率、额定电压、额定电流时电动机的转速，单位为 r/min。
- 额定励磁电压：在额定情况下，励磁绕组所加的电压，单位为 V。
- 额定励磁电流：在额定情况下，通过励磁绕组的电流，单位为 A。

若电动机运行时，各物理量都与额定值一样，此状态称额定状态。电动机在实际运行时，由于负载的变化，往往不是总处在额定状态下运行的。电动机在接近额定的状态下运行，才是合理的。

[**例 1-1**]　一台直流电动机额定数据为：$P_N=13\text{kW}$，$U_N=220\text{V}$，$n_N=1500\text{r/min}$，$\eta_N=87.6\%$，求额定输入功率、额定电流。

解：已知额定输出功率 $P_N=13\text{kW}$，额定效率 $\eta_N=87.6\%$，所以额定输入功率为

$$P_{1N} = \frac{P_N}{\eta_N} = \frac{13}{0.876} = 14.84\text{kW}$$

额定电流为

$$I_N = \frac{P_N}{U_N \eta_N} = \frac{13}{220 \times 0.876} = 67.45\text{A}$$

（3）直流电动机的分类

直流电动机的分类方式有很多，可以按照励磁方式进行分类，还可以分别按转速、电流、电压、工作定额以及按防护形式、安装结构形式和通风冷却方式等特征来分类。下面重点介绍按照励磁方式进行分类。

直流电动机按励磁方式的不同，可分为他励和自励两大类。而自励电动

> **提 示**
>
> 电动机运行时，应该尽可能地在接近额定状态下运行。

> **提 示**
>
> 励磁方式是电动机产生磁场的方式。

机，按励磁绕组与电枢绕组的联结方式的不同，又可分为并励、串励和复励三种，如图 1-12 所示。

- 他励直流电动机：励磁绕组与电枢绕组无电路上的联系，励磁电流由一个独立的直流电源提供，与电枢电流无关，如图 1-12（a）所示。
- 并励直流电动机：励磁绕组与电枢绕组并联，如图 1-12（b）所示。对发电机而言，励磁电流由发电机自身提供；对电动机而言，励磁绕组与电枢绕组并接于同一外加电源。
- 串励直流电动机：励磁绕组与电枢绕组串联，如图 1-12（c）所示。对发电机而言，励磁电流由发电机自身提供；对电动机而言，励磁绕组与电枢绕组串接于同一外加电源。
- 复励直流电动机：励磁绕组的一部分和电枢绕组并联，另一部分与电枢绕组串联，如图 1-12（d）所示。

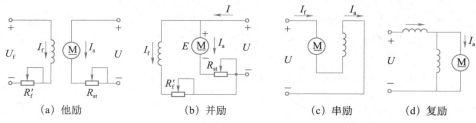

（a）他励　　　　（b）并励　　　　（c）串励　　　　（d）复励

图 1-12　直流电动机的励磁方式

任务实施

1. 拆卸电动机用的主要工具

拉码（见图 1-13）是机械维修中经常使用的工具，主要由旋柄、螺旋杆和拉爪构成。拉码有两爪或三爪，主要尺寸有拉爪长度、拉爪间距、螺杆长度，以适应不同直径及不同轴向安装深度的轴承的要求。使用时，将螺杆顶尖定位于轴端顶尖孔，调整拉爪位置，使拉爪挂钩于轴承外环，旋转旋柄，使拉爪带动轴承沿轴向向外移动拆除。

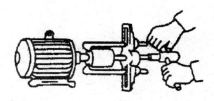

图 1-13　拉码

2. 拆卸前的准备

（1）备齐常用电工工具及拉码等拆卸工具。

（2）查阅并记录被拆电动机的型号、外形和主要技术参数。

（3）在刷架处、端盖与机座配合处等做好标记，以便于装配。

3. 拆卸步骤

（1）拆除电动机的所有外部接线，并做好标记。

（2）拆卸皮带轮或联轴器。

（3）拆除换向器端的端盖螺栓和轴承盖螺栓，并取下轴承外盖。

（4）打开端盖的通风窗，从刷握中取出电刷，再拆下接到刷杆上的连接线。

（5）拆卸换向器端的端盖，取出刷架。

（6）用厚纸或布包好换向器，以保持换向器清洁及不被碰伤。

（7）拆除轴伸端的端盖螺栓，把电枢同端盖从定子内小心地取出或吊出，并放在木架上，以免擦伤电枢绕组。

（8）拆除轴伸端的轴承盖螺栓，取下轴承外盖及端盖。如轴承已损坏或需清洗，还应拆卸轴承，如轴承无损坏则不必拆卸。

4. 几个主要零部件的拆卸方法和工艺要求

（1）轴承的拆卸

直流电动机使用的轴承有滚动轴承和滑动轴承两种，小型电动机中广泛使用滚动轴承，下面主要介绍滚动轴承的拆卸。

① 用拉码拆卸。拉码如图 1-13 所示，这种方法简单、实用，专用工具的尺寸可随轴承直径任意调节，只要转动手柄，轴承就被拉出。操作时应注意以下几点：

- 拉脚的拉钩应勾住轴承的内圈，不能勾在外圈上，因为拉外圈达不到拆卸目的，还可能损坏轴承。
- 拉轴承时轴承拉脚与地面之间的高度一定要用木块或其他东西垫得适当，使拉脚螺杆对准轴承的中心孔，不要歪斜，扳转动作要慢，用力要均匀。
- 要防止拉脚的拉钩滑脱，如果滑脱会使轴承的外圈或其他机件损坏。

② 用铜棒拆卸。如图 1-14 所示，用端部呈楔形的铜棒以倾斜方向顶着轴承内圈，然后用手锤敲打铜棒，把轴承敲出。敲击时，应沿着轴承内圈四周相对两侧轮流均匀敲击，不可只敲一边，不可用力过猛。

③ 搁在圆筒上拆卸。如图 1-15 所示，在轴承的内圈下面用两块厚铁板夹住转轴，并用能容纳转子的圆筒支撑住，在转轴上端垫上厚木板或铜板，敲打取下轴承。

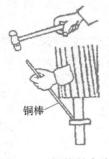

图 1-14　铜棒敲击法

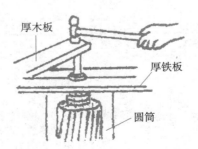

图 1-15　圆筒拆卸法

④ 加热拆卸。如装配过紧或轴承氧化而不易拆卸时，可将轴承内圈加热，使其膨胀而松脱。加热前，用湿布包好转轴，防止热量扩散，用 100℃ 左右的机械油浇在轴承内圈上，趁热用上述方法拆卸。

（2）端盖的拆卸

先拆下换向器端的轴承盖螺栓，取下轴承外盖；接着拆下换向器端的端盖螺栓，拆卸换向器端的端盖。拆卸时要在端盖边缘处垫以木楔，用手锤沿端盖的边缘均匀地敲击，逐渐使端盖止口脱离机座及轴承外圈，并取出刷架；拆除轴伸端的轴承盖螺栓，取下轴承外盖及端盖。拆卸时在端盖与机座的接缝处要做好标记，两个端盖的记号应有所区别。

（3）转子的取出

在抽出转子前，用厚纸或布包好换向器，使换向器保持清洁及不被碰伤。

直流电动机的装配过程可按拆卸的相反顺序进行，但对需要进行修理的直流电动机，在拆卸前要先用观察法和仪表进行整机检查，然后再拆卸电动机后查明故障原因，进行相应修理。

技能考核

1. 考核任务

每两位学生为一组，在规定时间内将 1 台直流电动机拆除并装配起来（绕组不拆）。

2. 考核要求及评分标准

（1）设备器材及工具（见表 1-1）

表 1-1　直流电动机拆装所有器材一览表

设备、器材	小型直流电动机实物组件一套
工具	扳手、木（橡皮）榔头、撬棍、螺丝刀等电工工具一套 厚木板、钢管、钢条油盆各一个，拉码一只，零件箱一个，棉花、润滑油适量

（2）操作程序

按拆卸步骤依次拆卸直流电动机，并将电动机的原始数据和拆卸情况记入表 1-2 中。

表 1-2　直流电动机拆装情况记录表

步骤	内容	
1	拆卸前的准备	电工工具： 电工仪表： 其他工具： 电动机铭牌： 联轴器或皮带轮与轴台的距离：　　　mm； 出轴方向为： 电源引线位置：

续表

步骤	内容		得分
2	拆卸顺序	1.　　　　　　　　　2. 3.　　　　　　　　　4. 5.　　　　　　　　　6. 7.　　　　　　　　　8.	
3	拆卸轴承	1. 使用工具 2. 方法	
4	拆卸端盖	1. 使用工具 2. 工艺要点 3. 注意事项	
5	拆卸绕组	1. 使用工具 2. 工艺要点 3. 注意事项	

仿真视频
直流电动机的装配

（3）考核内容及评分标准（见表 1-3）

表 1-3　直流电动机拆装考核内容及评分标准一览表

考核内容	配分	评分标准	得分
电工工具的使用	10	螺丝刀、活络扳手、橡皮锤、电烙铁、拉码等电工工具，不会使用或用法错误，每项扣 2 分	
拆除	40	1. 步骤不对，每次扣 5 分 2. 方法不对，每次扣 5 分 3. 损坏零部件每个扣 10 分 4. 没有清槽、整理扣 5 分	
装配	40	1. 步骤不对，每次扣 5 分 2. 方法不对，每次扣 5 分 3. 损坏零部件每个扣 10 分 4. 线圈接错每处扣 5 分 5. 螺丝松动每处扣 2 分 6. 导线绝缘损坏，每处扣 10 分	
安全文明生产	10	遵守国家或企业有关安全规定，每违反一项规定扣 2 分，严重违规者停止操作	
时间		每超时 5min 扣 5 分	

练 习 题

参考答案
项目1任务1

1. 直流电动机中为何要用电刷和换向器，它们有何作用？

2. 直流电动机主要由定子和转子两大部分组成，其中转子部分主要由哪几部分构成？各部分的作用分别是什么？

3．直流电动机的换向装置由哪些部件构成？它在电动机中起什么作用？

4．如果将电枢绕组装在定子上，磁极装在转子上，则换向器和电刷应怎样放置才能使直流电动机运行？

5．直流电动机按励磁方式分，可以分为哪几类？画图说明。

6．画出他励、并励直流电动机励磁方式原理图并标出各物理量极性（或方向）。

7．说明直流电动机的拆装步骤及拆装中的注意事项。

8．说明滚动轴承的拆装方法及清洗方法以及如何检查滚动轴承的质量。

9．一台四极直流发电机，额定功率 P_N 为 55kW，额定电压 U_N 为 220V，额定转速 n_N 为 1500r/min，额定效率 η_N 为 0.9。试求额定状态下电机的输入功率 P 和额定电流 I_N。

10．一台直流电动机的额定数据为：额定功率 P_N 为 17kW，额定电压 U_N 为 220V，额定转速 n_N 为 1500r/min，额定效率 η_N 为 0.83。求它的额定电流 I_N 及额定负载时的输入功率 P。

> **提 示**
>
> 直流发电机：
> $P_N = U_N \times I_N$
>
> 直流电动机：
> $P_N = U_N \times I_N \times \eta_N$

> **提 示**
>
> 计算的时候一定要仔细、缜密、一丝不苟。

任务 ② 直流电动机机械特性的求取

在直流电力拖动中，以他励和并励电动机应用较普遍，下面以他励电动机为例介绍直流电动机的机械特性，因为并励电动机在电枢电压一定时，和他励电动机没有本质的区别，只要注意电枢电流 I_a 和额定电流 I_N 的区别就可以了。额定工作时，他励直流电动机的电枢电流 I_a 就等于额定电流 I_N，而并励电动机的 $I_a = I_N - I_{fN}$。

在分析直流电动机运行情况时，常要研究电动机的转速与电磁转矩之间的关系，把这种关系用方程表示出来，使分析问题比较方便。

🎯 任务目标

（1）能计算直流电动机的电磁转矩和电枢电动势；

（2）能分析直流电动机的固有机械特性、人为机械特性；

（3）能通过实验求取直流电动机的固有机械特性曲线。

🖱 任务引导

1．他励直流电动机的电磁转矩和电枢电动势

（1）电磁转矩

在直流电动机中，电磁转矩是由电枢电流与合成磁场相互作用而产生的电磁力所形成的。根据电磁力定律 $F = Bli$，处于气隙磁场中的载流电枢绕组的各个元件边都将受到切向电磁力的作用，当电刷处于中性位置时，通过电

PPT
直流电动机的
电磁转矩和感
应电动势

微课
直流电动机的
电磁转矩和感
应电动势

刷的总电流为 Ia，则电磁转矩可按下式计算

$$T = C_T \Phi I_a \quad (\text{N} \cdot \text{m}) \quad (1\text{-}3)$$

式中，$C_T = \dfrac{PN}{2\pi a}$——转矩常数，其中 P 为电动机的磁极对数，N 为电枢绕组的总导体数量，a 为并联支路对数。当电动机制成后，P、N、a 均为定值。

Φ——每极气隙磁通，单位为 Wb。

I_a——电枢电流，单位为安培。

电枢中电磁转矩的方向根据磁场极性与电枢电流方向按左手定则决定，二者只变其一，转矩方向改变；二者同时改变，则转矩方向不变。

（2）电枢电动势

在直流电动机中，当电枢旋转时，根据电磁感应定律 e=Blv，绕组各个元件边相对气隙磁场运动而感应出电动势，元件电动势即为两个元件边的电动势之和。电枢电动势为电枢绕组正负极性电刷之间任一并联支路内各串联元件电动势的总和。元件交替通过不同极性磁场所感应的电动势为交变电动势；但由于电刷与换向片相对旋转，而与主极相对静止，每条支路内各元件所处的磁场位置维持不变，因此通过电刷与换向片的及时换接，支路电动势（即电枢电动势）为直流电动势。为使支路电动势最大，被电刷所短接的元件的轴线应与主磁极中心线重合，即通常所称电刷应处于中性线位置。电刷处于中性线位置时，其电枢电动势可按下式计算

$$E_a = C_e \Phi n \quad (\text{V}) \quad (1\text{-}4)$$

式中，$C_e = \dfrac{PN}{60a}$——电动势常数。

Φ——每极气隙磁通，单位为 Wb。

n——电枢转速，单位为 r/min。

电枢电动势的极性根据磁场极性与旋转方向按右手定则决定，若二者只变其一，电动势极性改变；若二者同时改变，则电动势极性不变。

C_T 与 C_e 的关系是：$C_T = 9.55 C_e$。

2. 他励直流电动机的机械特性

他励直流电动机电气原理如图 1-16 所示。当电源电压 $U = U_N$，励磁电流 $I_f = I_{fN}$，即主磁通 $\Phi = \Phi_N$，以及电枢电路不串电阻，即电枢电路电阻为 R_a 时，电动机的转速与电磁转矩之间的关系，即 $n = f(T)$，称为电动机的固有机械特性。若在 U、Φ、R_a 三个参数中任意改变其中的一个，所得的机械特性，就称为人为机械特性。

（1）固有机械特性

经推导，可以得出固有机械特性方程为

$$n = \frac{U_N}{C_e \Phi_N} - \frac{R_a}{C_e C_T \Phi_N^2} T \quad (1\text{-}5)$$

式中，U_N、Φ_N 分别为额定电压、额定磁通。

微课
直流电动机的
固有机械特性

PPT
直流电动机的
固有机械特性

式（1-5）中当电磁转矩 T 为零时，转速大小 n 就等于 $U_N / (C_e \Phi_N)$，没有电磁转矩而电动机在转动，显然这是不可能的，所以把它称为理想空载转速，用 n_0 表示。电动机实际空载转速 n_0' 是指电动机轴端没有带机械负载，只存在空载转矩 T_0 时的转速。对应的功率称为空载功率 P_0，其意义是电动机克服轴承摩擦力及风扇阻力等所需的功率。

如果用 n_0 表示 $U_N / (C_e \Phi_N)$，用 β 表示常数 $R_a / (C_e C_T \Phi_N^2)$，则式（1-5）可写成

$$n = n_0 - \beta T \tag{1-6}$$

式中，$\beta = R_a / (C_e C_T \Phi_N^2)$ 是固有机械特性的斜率。

显然式（1-6）是一条直线方程。机械特性曲线在第一象限，是一条斜率为 β 的下倾直线，如图 1-17 中直线 1 所示。可见他励（并励）直流电动机的转速随负载增大而有所降低。

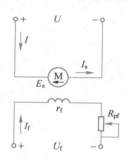
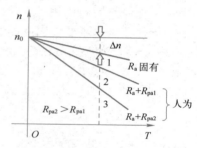

图 1-16　他励直流电动机电气原理图　　图 1-17　固有机械特性与电枢串电阻的人为机械特性

由于电动机电枢回路不串电阻 $(R_P = 0)$，所以其斜率 β 值较小，额定转速降 $\Delta n_N = \beta T_N$ 较小，属硬特性。如果电枢回路串入不同的电阻 R_P，则直线斜率 β 增大。

（2）人为机械特性

人为地改变电动机的电枢电压 U、励磁磁通 Φ 或电枢回路串电阻 R，则可得到三种不同的人为特性。

① 电枢回路串电阻的人为特性：保持电动机电枢电压 $U = U_N$，磁通 $\Phi = \Phi_N$ 不变，只在电枢回路串入电阻 R_P 时的人为机械特性方程为

$$n = \frac{U_N}{C_e \Phi_N} - \frac{R_a + R_P}{C_e C_T \Phi_N^2} T \tag{1-7}$$

由式（1-7）可看出，改变电枢回路电阻 R_P 时，理想空载转速 n_0 保持不变，而转速降 Δn 发生了改变。R_P 越大，Δn 越大，机械特性则越软。因此，改变电枢外接电阻 R_P 的人为机械特性是通过理想空载点的一束射线，如图 1-17 中的直线 2、3 所示。

② 改变电枢电压的人为特性：电枢不串电阻，$\Phi = \Phi_N$，只改变电枢电压

的人为机械特性方程为

$$n = \frac{U}{C_e\Phi_N} - \frac{R_a}{C_eC_T\Phi_N^2}T \qquad (1-8)$$

由式（1-8）可知，当改变电枢电压时，理想空载转速n_0与U成正比，而转速降Δn不变。因此，改变电枢电压的人为特性是与固有特性平行的一组直线，如图 1-18 所示。

对于已经制造好的电动机，其额定电压是定值。受绕组绝缘及换向片间电压的限制，电动机不能过电压运转，所以只能降低电枢电压U，因此改变电枢电压的人为特性全在固有特性的下方。

③ 减弱电动机励磁磁通时的人为特性：电枢不串电阻，$U = U_N$，只改变励磁磁通的人为特性方程为

$$n = \frac{U_N}{C_e\Phi} - \frac{R_a}{C_eC_T\Phi^2}T \qquad (1-9)$$

由式（1-9）可知，减弱磁通Φ时，理想空载转速n_0升高，转速降Δn增大，而且n_0与Φ成反比，Δn与Φ^2成反比，所以机械特性变软，如图 1-19 所示。

因为在设计电动机时，为节省磁性材料，减小电动机的体积，已使磁路接近饱和，所以只能减弱磁通。因此，改变磁通的人为特性都在固有特性的上方。

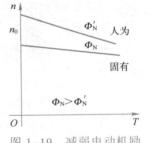

图 1-18　改变电枢电压时的人为特性

图 1-19　减弱电动机励磁磁通时的人为特性

⚙ 任务实施

1. 按图接线

接线时可参考图 1-20 所示电路。接线完成后，同组成员应相互检查，再经指导老师检查无误后，方可进行后续操作。

2. 操作步骤

（1）按实验线路（见图 1-20）接线，**虚线框 1、2 处先断开**。

（2）将实验台上的直流电源交流侧的调压器置于零位，同时将磁场电阻R_{Pfl}置于最小值，打开起动开关。

（3）逐渐升高调压器的输出电压，起动直流电动机，同时观察电动机的转向是否与机座所标方向一致（若发现反转，则先关闭电源，然后分别将串励绕组两端 C_1、C_2 和并励绕组两端 B_1、B_2 对调即可），当直流电源电压等于电动机额定电压时，电动机起动完毕。

延伸阅读
安全用电技术

动画
电气火灾

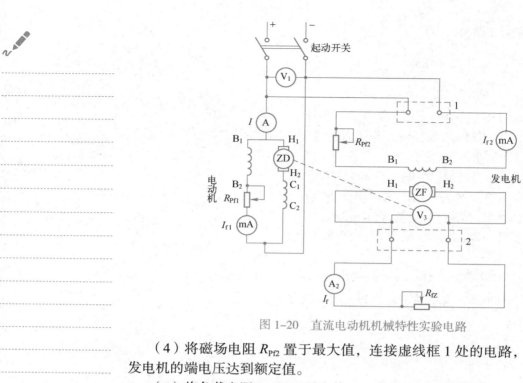

图 1-20　直流电动机机械特性实验电路

（4）将磁场电阻 R_{Pf2} 置于最大值，连接虚线框 1 处的电路，调节 R_{Pf2} 使发电机的端电压达到额定值。

（5）将负载电阻 R_{fz} 置于最大值，连接虚线框 2 处的电路。

（6）调节 R_{fz}，逐步增加发电机的负载电流，直到使电动机的输入电流达到额定电流时为止，同时使电动机的端电压 $U = U_N$ 及 $n = n_N$。该点即为电动机的额定运行点（即 $U = U_N$，$I = I_N$，$n = n_N$）。此时的励磁电流即为电动机的额定励磁电流 $I_{f1} = I_{fN}$。将此时电动机的输入电流 I、转速 n，记录于表 1-4。

表 1-4　机械特性实验数据一览表

I/A						
n（r/min）						

（7）在保持 $U = U_N$，$I_{f1} = I_{fN}$ 不变的条件下，逐步减小发电机输出电流直到 $I_f = 0$ 时为止（当打开开关 k3 时，同时打开发电机的励磁开关 k2）记录电动机的输入电流 I 及转速 n（包括 $I_f = 0$ 时的相应值）于表 1-4 中。

注意：在电动机额定运行点及其附近，读数应快，以免 I_{f2} 升温过高。

$U = U_N$＿＿＿＿＿V　$I_{f1} = I_{fN}$＿＿＿＿＿mA

3.　求取机械特性曲线

（1）估算 Ra：$R_a = \left(\dfrac{1}{2} \sim \dfrac{2}{3}\right)\dfrac{U_N I_N - P_N}{I_N^2}$

（2）计算 Ce FN 和 CT FN：

$$C_e \Phi_N = \frac{U_N - I_N R_a}{n_N}$$

$$C_T \Phi_N = 9.55 C_e \Phi_N$$

（3）计算理想空载转速点 n0：$T_{em} = 0$，$n_0 = \dfrac{U_N}{C_e \Phi_N}$

（4）计算额定工作点：$T_N = C_T \Phi_N I_N$，$n = n_N$

（5）根据理想空载转速点和额定工作点，画出机械特性曲线，求出机械特性方程。

技能考核

1. 考核任务

每两位学生为一组，完成以上实验。

2. 考核要求及评分标准

（1）实验设备（见表1–5）

表1–5　实验所用设备一览表

序号	名称	数量	备注
1	直流电动机—直流发电机组	1台	
2	励磁变阻器	一台	
3	调节变阻器	一台	
4	直流电压表	两块	
5	直流电流表	一块	
6	直流毫安表	一块	
7	转速表	一块	

（2）考核内容及评分标准（见表1–6）

表1–6　考核内容及评分标准

序号	考核内容	配分	评分标准
1	直流电动机的机械特性实验	40	线路连接正确20分 实验操作正确20分
2	机械特性曲线	40	两点数据计算正确20分 特性曲线绘制正确20分
3	机械特性方程	10	机械特性方程正确10分
4	实验报告	10	实验报告完整、清晰、图表正确

🔍 知识拓展

1. 电力拖动系统的运动方程式

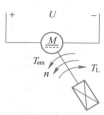

图 1-21　电力拖动系统的运动状态

在绪论部分我们已经知道，以电动机作为原动机，带动生产机械，并完成一定的工艺要求的系统，称为机电传动系统或电力拖动系统。电力拖动系统的运动状态，如图 1-21 所示，加速、减速或稳定运行通常用运动方程式表示

$$T - T_L = \frac{GD^2}{375} \cdot \frac{\mathrm{d}n}{\mathrm{d}t} \tag{1-10}$$

式中，

T—电动机的拖动转矩（电磁转矩）（N·m）。

T_L—生产机械的阻力矩（负载转矩）（N·m）。

G—转动体所受的重力（N），$G = mg$。

D—转动体的惯性直径（m）。

GD^2—系统的飞轮力矩（N·m²）。

注意：GD^2 是一个完整的物理量，它是电动机飞轮力矩和生产机械飞轮力矩之和；T、T_L 具有方向性。

对系统的运动方向做如下规定：T 与 n 同方向时为正向运动，反方向时为反向运动。

（1）正向运动（$n > 0$），如图 1-22 所示。

① $T = T_L$ 时，系统处于静止状态或匀速运动状态。

② $T > T_L$ 时，系统处于加速状态，即过渡状态。

③ $T < T_L$ 时，系统处于减速状态，也是过渡状态。

（2）反向运动（$n < 0$）：

① $T = T_L$ 时，系统处于静止状态或匀速运动状态。

② $T > T_L$ 时，系统处于反向减速状态。

③ $T < T_L$ 时，系统处于反向加速状态。

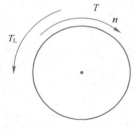

图 1-22　正向运动示意图

2. 生产机械的负载转矩特性

生产机械的负载转矩与转速之间的关系称为负载的机械特性，一般用 $n = f(T_L)$ 曲线表示。

生产机械的负载转矩特性可分为三类：恒转矩负载的转矩特性、恒功率负载的转矩特性、通风机型负载的转矩特性。

（1）恒转矩负载的转矩特性

恒转矩负载包括位能性恒转矩负载和反抗性恒转矩负载。其转矩特性分别如图 1-23、图 1-24 所示。

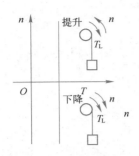
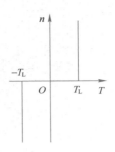

图 1-23　位能性恒转矩负载的转矩特性　　　图 1-24　反抗性恒转矩负载的转矩特性

　　反抗性恒转矩负载的特点是转矩的绝对值大小恒定不变，转矩总是阻碍运动，其特性位于 Ⅰ、Ⅲ象限。

　　位能性恒转矩负载的特点是负载的转矩绝对值大小恒定而且方向不变，其特性位于 Ⅰ、Ⅳ象限。

　　（2）恒功率负载的转矩特性

　　恒功率负载体现为负载的转速与转矩之积为常数，即所需的机械功率为常数。例如，考虑精加工时，需要较小的吃刀量，则可以得到较高速度；粗加工时，需要较大的吃刀量，则速度较低；再如，若汽车发动机的输出功率固定，当爬坡时需要低速运行，而在平路行驶时则可高速行驶。

　　恒功率负载的转矩特性如图 1-25 所示。

　　（3）通风机型负载的转矩特性

　　通风机、水泵、油泵和螺旋桨等，其转矩的大小与转速的平方成正比：$T_L \propto n^2$，其转矩特性如图 1-26 所示。

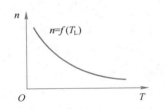
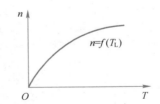

图 1-25　恒功率负载的转矩特性　　　　图 1-26　通风机型负载的转矩特性

3. 电力拖动系统稳定运行的充分必要条件

电力拖动系统稳定运行的充分必要条件是：

① 电动机的机械特性与生产机械的负载特性有交点。

② 在交点处应满足 $\dfrac{\mathrm{d}T}{\mathrm{d}n} < \dfrac{\mathrm{d}T_L}{\mathrm{d}n}$。

练习题

1. 他励直流电动机是在什么条件下得到固有机械特性 $n=f(T)$ 的？一台他励电动机的固有机械特性有几条？人为机械特性有几类？有多少条？

2. 某台他励电动机的铭牌数据如下：$P_N=5kW$，$U_N=110V$，$I_N=55A$，$n_N=1000r/min$，$R_a=0.18\Omega$，求：（1）固有特性方程；（2）电枢串电阻 $R_s=0.92\Omega$ 的人为特性方程，在额定负载时的转速；（3）磁通为额定值的 80% 时的人为机械特性方程，额定负载时的转速；（4）电压降低至 $50\%U_N$ 时的人为机械特性方程，额定负载时的转速。

3. 一台他励直流电动机，$P_N=4kW$，$U_N=110V$，$I_N=44.8A$，$n_N=1500r/min$，$R_a=0.23\Omega$ 求：理想空载转速与实际空载转速分别是多少？

4. 他励直流电动机的数据为 $P_N=30kW$，$U_N=220V$，$I_N=158.5A$，$n_N=1000r/min$，$R_a=0.1\Omega$，$T_L=0.8T_N$，求：（1）电动机的转速；（2）电枢回路串入电阻时的稳态转速；（3）电压降至 188V 时，降压瞬间的电枢电流和降压后的稳态转速；（4）将磁通减弱至 80% 时的稳态转速。

5. 一台他励直流电动机的铭牌数据为 $P_N=10kW$，$U_N=220V$，$I_N=53.4A$，$n_N=1500r/min$，$R_a=0.4\Omega$。试求出下列几种情况下的机械特性方程式，并在同一坐标系中画出机械特性曲线：（1）固有机械特性；（2）电枢回路串入 1.6Ω 的电阻；（3）电源电压降至原来的一半；（4）磁通减小 30%。

任务 ③ 直流电动机起动、反转和调速的操作

凡是由电动机拖动生产机械，并完成一定工艺要求的系统，都被称为电力拖动系统，被电动机拖动的对象—生产机械，则称为负载。电力拖动系统一般由控制设备、电动机、传动机构、生产机械和电源五部分构成。电力拖动系统拖动应用通常研究四大问题：起动、反转、调速和制动。

◎ 任务目标

（1）能进行直流电动机起动的操作。
（2）能进行直流电动机反转的操作。
（3）能进行直流电动机调速的操作。
（4）掌握直流电动机制动的方法。

※ 任务引导

1. 直流电动机的起动

电动机接入电源后其转速从零逐渐上升到稳定转速的过程称为起动过

参考答案
项目1任务2

提 示

$$n=\frac{U_N}{C_e\Phi_N}-\frac{R_a}{C_eC_T\Phi_N^2}T$$

直流电动机的 $C_e\Phi_N$ 比较小，计算时建议保留到小数点后三位。

提 示

做计算题时，一定要注意物理量的单位。

PPT
直流电动机的起动

微课
直流电动机的起动

程，简称起动。

他励电动机稳定运行时，其电枢电流为

$$I_{aN} = \frac{U_N - E_a}{R_a} \tag{1-11}$$

因为电枢电阻很小，所以电源电压U_N与反电动势E_a接近。

在电动机起动的瞬间，$n=0$，所以$E_a = C_e\Phi_N n = 0$，这时的电枢电流（即直接起动时的电枢电流）为

$$I_{st} = \frac{U_N}{R_a} \tag{1-12}$$

由于R_a很小，直接加额定电压起动，起动电流很大，可达额定电流的 10 ~ 20 倍。这样大的起动电流，会使电动机的换向恶化，产生严重的火花。又由于电磁转矩与电流成正比，所以它的起动转矩非常大，对机械产生冲击，损坏传动机构。另外，大电流还会使电网的电压发生波动，将影响到同一电网上其他用电设备的正常运行。

这种直接加额定电压起动的方法称为直接起动。除了个别容量极小的电动机可以采用直接起动以外，一般直流电动机不允许直接起动。

直流电动机起动的基本要求是：有足够的起动转矩，一般为额定转矩的 1.5 ~ 2.5 倍，以便快速起动，缩短起动时间；起动电流不能过大，要在一定的范围内，一般规定起动电流不应超过额定电流的 1.5 ~ 2.5 倍；起动设备安全、可靠、经济。

除极小容量的直流电动机可直接起动外，由式（1-12）可知，他励直流电动机的起动方法有电枢回路串电阻起动和降压起动两种。

（1）电枢回路串电阻起动

起动时，电枢回路串接可变电阻R_{st}，R_{st}称为起动电阻。电动机加额定电压，这时的起动电流为

$$I_{st} = \frac{U_N}{R_{st} + R_a} \tag{1-13}$$

$$R_{st} = \frac{U_N}{I_{st}} - R_a \tag{1-14}$$

R_{st}的数值要使I_{st}不大于允许值。

由起动电流产生的起动转矩使电动机开始旋转并加速，随着转速的升高，电枢反电动势增大，电枢电流减小，转速上升速度慢下来。为缩短起动时间，必须保证电动机起动过程中维持电枢电流不变。因此，随着转速的升高应使R_{st}平滑地减小，直到稳定运行时全部切除。但是实际上随着转速升高，平滑切除R_{st}是难以做到的，一般是把起动电阻分为若干段而逐段地加以切除。如图 1-27 所示，图中$R_1 = R_a + R_{st1}$，$R_2 = R_a + R_{st1} + R_{st2}$，以此类推。

现在分析一下起动过程。首先给电动机加上额定励磁电流，触头 KM 接通，KM_1、KM_2、KM_3、KM_4 断开，电枢回路串接$R_a + R_{st1} + R_{st2} + R_{st3} + R_{st4}$电

阻起动，起动电流为

$$I_{sta} = \frac{U_N}{R_a + R_{st1} + R_{st2} + R_{st3} + R_{st4}}$$

产生起动转矩 T_{st}，$T_{st} > T_L$，电动机开始旋转，随着转速上升，电磁转矩下降［如图 1-27（b）中起动特性 $a \rightarrow b$］，加速度逐步减小。为了得到较大的加速度，到达 b 点时，触点 KM_1 接通，将 R_{st4} 切除，电枢总电阻变为 $R_a + R_{st1} + R_{st2} + R_{st3}$。由于机械惯性，切换瞬间电动机的转速不变，电枢反电动势也不变，电枢电流增大，电磁转矩增大，如电阻设计合适，可使这时的电流等于 I_{st}，电磁转矩等于 T_{st1}，如图 1-27（b）中起动特性 $b \rightarrow c$，电动机又获得较大的加速度，从 c 点加速到 d 点。到达 d 时，触点 KM_2 接通，切除 R_{st3}，由于机械惯性，运行点由 d 点到固有特性 e 点，电流又一次回升到 I_{st}，电磁转矩又到了 T_{st1}，电动机加速，依次切除 R_{st2}、R_{st1}，直到固有特性 k 点，$T = T_L$，稳定运转时 $n = n_N$。

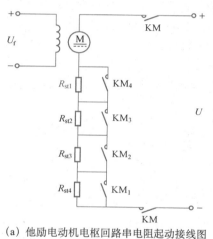

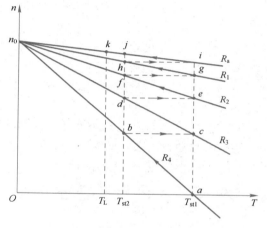

(a) 他励电动机电枢回路串电阻起动接线图   (b) 他励电动机串电阻起动机械特性

图 1-27　电枢回路串电阻起动

采用电枢回路串电阻方法起动，设备简单、初始投资较小，但在起动过程中能量消耗较多，故该方法常用于中小容量起动不频繁的电动机中。

（2）降压起动

在电动机有可调直流电源时才能采用降压起动方法。电动机起动时，先把电源电压降低，以限制起动电流。由式（1-12）可见，起动电流将与电源电压的降低值成正比地减小。电动机起动后，随转速的上升提高电源电压，使电枢电流维持适合的数值，电磁转矩维持一定数值，电动机按需要的加速度升速，直到额定转速。

降压起动过程的起动电流小，起动时能量消耗小，由于电压连续可调，电动机可以平滑升速。但采用降压起动方法时需要专用电源，设备投资较大，常用于大容量频繁起动的电动机。

必须注意，直流电动机在起动和运行时，励磁电路一定要接通，不能断开。起动时要额定励磁，否则，由于磁路仅有很小的剩磁，就可能发生事故。

2. 直流电动机的反转

在电力拖动系统中，电动机大部分时间运行在电动状态，要改变电动机的转向，就要改变拖动转矩的方向，而在电动状态，电磁转矩是拖动转矩，又因电磁转矩正比于ΦI_a的乘积，所以改变电动机转向的方法有以下两种，如图1-28所示。

① 在励磁电流方向不变即磁场方向不变时，将电枢电压反接，从而改变电枢电流和电磁转矩的方向，使电动机反转。

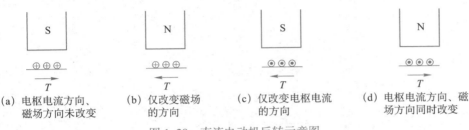

(a) 电枢电流方向、磁场方向未改变　　(b) 仅改变磁场的方向　　(c) 仅改变电枢电流的方向　　(d) 电枢电流方向、磁场方向同时改变

图1-28　直流电动机反转示意图

② 在电枢电压的极性不变时，改变励磁电流的方向，即改变了磁场的方向，可使电磁转矩方向改变，实现反转。

从图1-28（d）中可以看出，如果同时改变磁场和电枢电流的方向，电动机仍然维持原来的转向不变。

3. 直流电动机的调速

为了提高生产效率和保证产品质量，需要人为地对电动机的转速进行控制。所谓调速就是人为地改变电气参数，使电动机的工作点由一条机械特性曲线转移到另一条机械特性曲线上，从而在同一负载下得到不同的转速。它与电动机在负载变化时而引起的转速变化是两个不同的概念。负载变化引起转速变化是自动进行的，电动机工作点总是在同一条机械特性曲线上变动，它不是根据生产的需要人为地控制电气参数而控制转速的变化。

直流电动机可在宽广范围内平滑而经济地调速，在需要宽广调速的场合和有特殊要求的自动控制系统中，占有十分突出的应用地位。他励直流电动机的一般机械特性方程为

$$n = \frac{U}{C_e \Phi} - \frac{R_a + R_P}{C_e C_T \Phi^2} T$$

可见，当负载不变时（$T = T_L$），只要改变电枢回路串入的电阻R_P、电枢电压U、每极磁通Φ三个量中的任一个，都能改变电动机的转速，因此，他励直流电动机可以有以下三种调速方法。

（1）电枢串电阻调速

他励直流电动机拖动负载运行时，保持电源电压U及磁通Φ为额定值，改变电枢回路所串的电阻值，电动机就运行于不同的转速，如图1-29所示，

图中负载是恒转矩负载。设电动机原来工作点在固有特性上的 a 点，此时 $T = T_L$，转速为 n_1 稳定运行。当电枢回路串电阻 R_{P1}，电枢回路总电阻 $R_1 = R_a + R_{P1}$，这时转速还未来得及改变，电枢电动势 E_a 也未改变，电动机工作点由 a 点沿水平方向，跃变到电枢回路总电阻为 R_1 的人为机械特性上的 b 点，对应的电枢电流 I_a 减小，电磁转矩减小为 T'。因为 $T' < T_L$，故电动机减速，随着 n 下降 E_a 减小，电枢电流和电磁转矩增大，直到 $n = n_2$ 时电磁转矩 $T = T_L$，电动机以较低的转速 n_2 稳定运行，电动机工作点由 b 点过渡到 c 点，调速的过渡过程结束。电枢回路串入电阻值不同，所得到的稳定转速也不同。

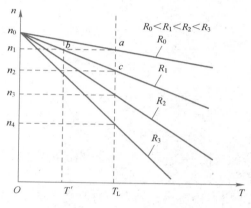

图 1-29　电枢串电阻调速

无论采用何种调速方法，一般电动机稳定运行的最大电枢电流为额定值。由于电枢串电阻调速时磁通不变，电动机的最大允许输出转矩是额定值，所以此方法称为恒转矩调速方法，显然，恒转矩调速方法适用于带恒转矩负载。

电枢串电阻调速的特点是：①只能从额定转速往下调；②转速越低机械特性越软，负载波动时转速稳定性差；③电枢所串电阻流过的电流大，电能损耗大；④转速越低、损耗越大，调速的经济性差；⑤调速范围小，电动机空载时几乎无调速作用；⑥使用设备简单，初次投资小。因此，这种调速方法只适用于调速性能要求不高，电动机容量不大的中小型直流电动机。

（2）降低电枢电压调速

降低电枢电压调速（简称降压调速）需要有连续可调的直流电源给电枢供电。由于工作电压不能大于额定电压，因此电枢电压只能从额定电压往下调。如前所述，降低电压的人为机械特性低于且平行于固有机械特性。

他励直流电动机拖动负载运行时，电枢回路不串电阻，保持磁通为额定值（他励电动机，保持励磁电压为额定值，并励电动机在降低电源电压的同时必须减小励磁回路的电阻，保持励磁电流为额定值），改变电源电压，电动机运行于不同的转速，如图 1-30 所示，若电动机原来稳定运行在固有特性上的 a 点，转速为 n_1。当电源电压由额定值 U_N 降到 U_1，由于机械惯性，转速还来不及变化，电动机工作点由 a 点平移到对应电压为 U_1 的人为特性上

的 b 点，由于转速未变，反电动势 E_a 也未变，因此 I_a 减小，电磁转矩减小，转速下降。随着转速的下降，反电动势减小，I_a 和 T 随着 n 的下降而增大，直至 T 等于 T_L 时电动机稳定运行于工作点 c，此时的转速 n_2 已比 n_1 低。在负载一定时，电枢电压越低，转速越低。

调速时励磁磁通保持不变，若稳定运行时电枢电流为额定值，则电磁转矩也为额定值。由于调速时电动机输出转矩保持不变，属恒转矩调速方法，适用于带恒转矩负载。

降低电枢电压调速的特点是：①只能从额定转速往下调；②机械特性较硬，由于 Δn_N 不变，机械特性硬度也不变，故稳定性好；③调速范围大，最高转速与最低转速之比可达 6～10 倍；④当电枢电压可连续调节时，转速也可调，可实现无级调速；⑤调速过程中耗能少；⑥需要专用的调压电源，初次投资大。由于降压调速性能好，故其常被用于调速要求较高的场合和中大容量电机调速，这种调速方法适用于电动机带恒转矩负载。

🔍 提　示

降压调速是最常采用的一种调速方法。

（3）弱磁调速

保持电源电压为额定值，电枢回路不串电阻，调节励磁回路所串电阻 R_F'，改变励磁电流 I_f 以改变磁通。

由 $n = \dfrac{U_N}{C_e\Phi} - \dfrac{R_a}{C_e C_T \Phi^2}T$ 可知将磁通 Φ 减小时，理想空载转速就会升高，转速降 Δn 也增大了，但后者与 Φ^2 成反比，所以磁通越小，机械特性曲线也越陡，但仍具有一定硬度，如图 1–31 所示。

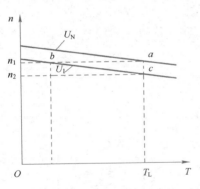

图 1–30　降低电枢电压调速

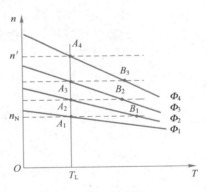

图 1–31　弱磁调速

由于电动机在额定状态运行时，磁路已接近饱和，所以通常只能减小磁通（$\Phi < \Phi_N$），将转速往上调，此调速称为弱磁调速。

运行时若电动机拖动的是负载不太大的恒转矩负载。调速前，电动机工作在固有特性的 A_1 点，这时电动机磁通 $\Phi_1 = \Phi_N$，转速为 n_N，相应的电枢电流为额定电流。当磁通由 Φ_1 减小到 Φ_2 时，转速还来不及变化，电动机的工作点沿水平方向转移到对应于 Φ_2 的人为机械特性上的 B_1 点，这时电枢电动势

提 示

在生产实际中，弱磁调速往往和降压调速配合使用。

提 示

弱磁调速也能实现无级调速。

提 示

在三种调速方法中，只有弱磁调速可以使电动机的运行速度增加。

动画
触电1

动画
触电2

随磁通的减小而减小。因R_a很小，又因$I_a = \dfrac{U - E_a}{R_a}$，可见，$E_a$的减小将引起$I_a$急剧增加。一般情况下，$I_a$增加的相对数量比磁通减小的相对数量要大，所以$T = C_T \Phi I_a$在磁通减小的瞬间是增大的，从而使电动机转速升高；而转速升高使电枢电动势E_a回升，当电磁转矩T等于负载转矩T_L时，电动机稳定工作于A_2点，新的转速高于原来A_1点的额定转速。

弱磁调速稳定运行时，若I_a为额定值，由于Φ减小，电磁转矩T也减小，但转速升高，所以$P = T\omega$为近似的恒功率调速方法，适用于带恒功率负载，如用于机床切削工件时的调速。粗加工时，切削量大，采用低速运行；精加工时，切削量小，则采用高速运行。

弱磁调速的特点是：①调速平滑，可实现无级调速；②调速经济，控制方便；③机械特性较硬，稳定性好；④调速范围小，最高转速一般为$1.2n_N$，对于特殊设计的电动机，最高转速可达$(3 \sim 4)n_N$。由于弱磁调速的范围小，所以很少单独使用，一般都与降低电枢电压调速（简称降压调速）相配合，以扩大调速范围。即转速在额定转速以下，采用降压调速；而转速在额定转速以上，则采用弱磁调速。

任务实施

1. 按图接线

接线时可参考实验图（见图 1-32 或图 1-33）。图中R_f为励磁变阻器，R_p为电枢变阻器。接线完成后，同组成员应相互检查，再经指导老师检查无误后，方可进行后续操作。

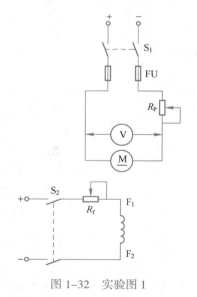

图 1-32　实验图 1

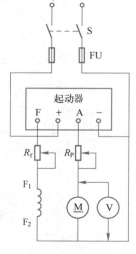

图 1-33　实验图 2

2. 操作步骤

（1）直流电动机起动前应将励磁变阻器R_f置于阻值最小位置，以限制电动机起动后的转速及获得较大的起动转矩；电枢变阻器R_p置于阻值最大位置，以限制电动机的起动电流。

（2）先接通励磁电流，然后接通电枢电源，缓慢减小电枢变阻器R_p的阻值，直至起动变阻器的阻值为零，直流电动机起动完毕，记下直流电动机的转向。

（3）用转速表正确测量直流电动机的转速。适当调节励磁变阻器R_f的大小，观察电动机的转速变化情况，但应注意电动机的转速不能太高。

（4）逐渐增大电枢变阻器R_p的阻值，观察电动机的转速变化情况。

（5）先断开电枢电源，再断开励磁电源，待电动机完全停车后，分别改变直流电动机励磁绕组和电枢绕组的接法，再起动电动机，观察电动机的转向变化。

技能考核

1. 考核任务

每 3 ~ 4 位学生为一组，完成以上实验。

2. 考核要求及评分标准

（1）实验所用设备（见表 1-7）

表 1-7　实验所用设备一览表

序号	名称	数量	备注
1	直流电动机（0.8kW）	1 台	
2	起动器（与电动机配套）	1 个	
3	变阻器 Rf（1kΩ/0.5A）	1 件	
4	变阻器 RP（92Ω/6A）	1 件	
5	转速表	1 块	
6	直流电压表（300V）	1 块	

（2）考核内容及评分标准（见表 1-8）

表 1-8　考核内容及评分标准

序号	考核内容	配分	评分标准
1	直流电动机的起动	20	线路连接正确 10 分 实验操作正确 10 分
2	直流电动机的反转	20	实验操作正确 10 分 正确得出结论 10 分

提示

通电之前一定要检查线路，确保线路正确无误。

延伸阅读
电动机实验
与5M1E

续表

序号	考核内容	配分	评分标准
3	直流电动机的调速	40	实验操作正确 10 分 数据记录精确 10 分 正确分析数据得出结论 20 分
4	实验报告	20	实验报告完整、清晰、图表正确

🔍 知识拓展

　　电动机大都运行于电动状态，但在电力拖动系统中，为了满足生产上的技术要求或者为了安全，往往需要电动机尽快停转或由高速运行迅速变为低速运行，为此，需要对电动机进行制动。

　　对电动机进行制动的方式有很多，最简单的方式是用机械抱闸，靠摩擦力把电动机制动，该方式称为机械制动。本节主要讨论电气制动，即使电动机的电磁转矩方向与旋转方向相反进行制动。

　　电气制动有三种方法：能耗制动、反接制动和回馈制动。三种制动方式的共同点是：在保留原来磁场大小和方向不变的情况下，使电动机电磁转矩方向与旋转方向相反，使电动机产生制动转矩。

1. 能耗制动

　　电动机原先处于电动状态工作（电磁转矩的方向与旋转方向相同），如图 1–34（a）所示。

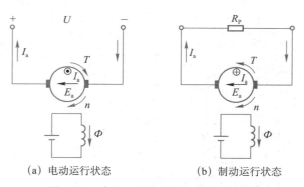

（a）电动运行状态　　　　（b）制动运行状态

图 1–34　直流电动机的能耗制动原理图

　　制动时，保持励磁电流不变，即励磁磁通不变，把电枢两端从电源立即切换到电阻 R_p 上，此电阻称为制动电阻。由于生产机械和电动机的惯性，电动机将继续按原来的方向旋转。因为磁通方向不变，故产生的感应电动势也不变。此时电动机变为发电机运行，电枢电流的方向及其产生的电磁转矩的方向改变了，使电磁转矩的方向与旋转方向相反，如图 1–34（b）所示，成为制动转矩。当电动机带反抗性恒转矩负载时，可使电动机迅速停转；当电动机带位能性恒转矩负载，如要迅速停车，在转速接近零时必须用机械抱闸将电动机转轴抱住，否则电动机将反转，最后进入能耗制动运行。

将 $U=0$，电枢回路串电阻 R_P，代入电动机机械特性方程式得

$$n = -\frac{R_a + R_P}{C_e C_T \Phi_N^2} T \qquad (1-15)$$

可见，能耗制动时的机械特性曲线是过原点的一条直线，它是与电枢回路串电阻 R_P 的人为特性曲线平行的一条直线。

能耗制动过程的物理意义是电动机由生产机械和自身的惯性作用拖动发电，把生产机械和电动机储存的动能转换为电能，再消耗在电枢回路的电阻 R_a 和 R_P 上，所以称为能耗制动。

制动电阻越小，制动时电枢电流越大，产生的制动转矩也越大，制动作用越强。为了避免制动转矩和电枢电流过大给传动系统和电动机带来不利影响，通常选择 R_P 使最大制动电流不超过电动机额定电流的 2 ～ 2.5 倍。

2. 反接制动

反接制动又分为改变电枢电压极性的电枢反接制动和电枢回路串大电阻的倒拉反接制动两种。下面主要介绍电枢反接制动：当电动机在电动状态下，以转速 n 稳定运行时，维持励磁电流不变，即磁场不变，突然改变外加电枢电压的极性，即电枢电压由正变负，如图 1-35 所示，与电枢电动势 E_a 同向，此时电枢电流为

$$I_a = \frac{-U_N - E_a}{R_a} = -\frac{U_N + E_a}{R_a} \qquad (1-16)$$

与原来方向相反，数值很大，产生一个很大的电磁制动转矩，使电动机很快停转。

反接制动时电枢电流很大，会使电源电压产生波动，并产生强烈的制动作用。因此，在反接制动时电枢电路中应串入电阻 R_b，电阻的大小选择应使反接制动时电枢电流不超过额定电流的 2 ～ 2.5 倍，即

$$R_b \geqslant \frac{U_N + E_{aN}}{(2\sim2.5)I_N} - R_a \qquad (1-17)$$

制动时电动机变为发电机运行，电源供给的能量与生产机械和电动机所具有的动能全部消耗在电枢回路的电阻上。

若制动的目的是停车，而不是反转，电动机转速接近于零时必须立即断开电源，否则转速过零后往往又会反向起动。

3. 回馈制动

回馈制动又称再生发电制动，电动机在运行过程中，由于某种客观原因，使实际转速 n 高于电动机的理想空载转速 n_0，如电车下坡、起重机下放重物等情况，位能转换所得的动能使电动机加速，电动机就处于发电状态，并对电动机起制动作用，如图 1-36 所示。当 $n > n_0$ 时，电动机的感应电动势

$E_a > U_N$，电枢电流 $I_a = \dfrac{U_N - E_a}{R_a} = -\dfrac{E_a - U_N}{R_a}$。电流的方向与原来相反，磁场没有变，电磁转矩随电枢电流反向而反向，成为制动转矩。此时电动机处于发电状态，把位能转变为电能，并回馈到电网，所以称为回馈制动。回馈制动时一般不串入电阻，因为若串入电阻，电动机转速会升得很高，实际运行时则不允许；又因为不串入电阻时，没有电阻上的能量损耗，使尽可能多的电能回馈电网。

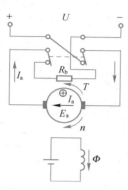　　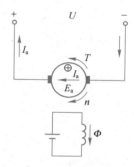

图 1-35　直流电动机反接制动原理图　　　图 1-36　直流电动机回馈制动原理图

练 习 题

1．直流电动机为什么不能直接起动？如果直接起动会引起什么后果？

2．如果不切除直流电动机起动时电枢回路的外串电阻，对电动机运行有何影响？

3．如何考虑直流电动机的最大起动电流（或最大起动转矩），选得过大或过小对电动机的起动有何影响？

4．直流电动机的起动方法有几种？

5．如何改变他励直流电动机的旋转方向？

6．直流电动机的调速方法有哪几种？各有什么特点？

7．直流电动机电气制动的方法有哪几种？应该怎么实施？

8．一台他励直流电动机，P_N=10kW，U_N=220V，I_N=53.8A，n_N=1500r/min，电枢电阻 R_a=0.13Ω。试计算：（1）电动机直接起动时，最初的起动电流；（2）若限制起动电流不超过 100A，采用电枢串电阻起动时应串入的最小起动电阻值。

9．已知一台他励直流电动机：U_N=220V，I_N=207.5A，R_a=0.067Ω，试计算：

（1）直接起动时的起动电流是额定电流的多少倍？

（2）如限制起动电流为 1.5 倍的 I_N，电枢回路应串入多大的电阻？

参考答案
项目1任务3

任务 ④　直流电动机的维修

延伸阅读
基于储能的
无功补偿

直流电动机在使用时，由于结构复杂，运行可靠性比交流电动机差，由于使用时间长或使用方法不当，有时会产生这样、那样的故障，需要进行维修。

🎯 任务目标

（1）能进行直流电动机定子绕组的检修。
（2）能进行直流电动机电枢绕组的检修。
（3）能进行直流电动机换向器的检修。
（4）能进行直流电动机电刷的选择和更换。
（5）能进行直流电动机轴承的维护保养。

🖱 任务引导

直流电动机的主要故障及修理工艺

工程案例
电吹风用小型
直流电动机的
故障检修

直流电动机的绕组分为定子绕组和电枢绕组。定子绕组包括励磁绕组、换向极绕组和补偿绕组。直流电动机在运行中定子绕组发生的故障主要有励磁绕组过热、励磁绕组匝间短路、定子绕组接地、绝缘电阻下降等。电枢绕组发生的故障主要有电枢绕组短路、电枢绕组断路和电枢绕组接地。

（1）定子绕组的故障及修理

① 励磁绕组过热。绕组过热现象较为明显，通常绕组绝缘体和表面覆盖漆变色，有绝缘溶剂挥发和焦化气味，绝缘体因老化而绝缘电阻值降低，甚至接地。严重时，绝缘体在高温中能冒烟，完全炭化。

产生励磁绕组过热的主要原因有：

- 励磁绕组通风散热条件严重恶化。
- 某些电动机长时间过励磁。

检查方法：用外观检查或用兆欧表检查确定。

② 励磁绕组匝间短路。当直流电动机的励磁绕组匝间出现短路故障时，虽然励磁电压不变，但励磁电流增加；或保持励磁电流不变时，电动机出现转矩降低、空载转速升高等现象；或励磁绕组局部发热；或出现部分刷架换向火花或加大单边磁拉力，严重时使电动机产生振动。

产生励磁绕组匝间短路的原因有：

- 制造商制造过程存在缺陷。如"S"弯处过渡绝缘处理不好，层间绝缘被铜毛刺挤破，经过一段时间的运行，问题逐步显现。
- 电动机在运行维护和修理过程中受到碰撞，使得导线绝缘受到损伤而形成匝间短路。

视频
小型直流电
动机拆修

检查方法：励磁绕组匝间短路常用交流压降法检查。

把工频交流电通过调压器加到励磁绕组两端上，然后用交流电压表分别测量每个磁极励磁绕组上的交流压降，如图 1-37 所示，如各磁极上交流电

图片
兆欧表使用
要求

图片
数字式万用表
使用注意事项

压相等，则表示绕组无短路现象；如某一磁极的交流压降比其余磁极都小，则说明这个磁极上的励磁绕组存在匝间短路，通电时间稍长时，这个绕组将明显发热。

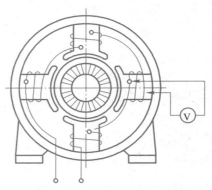

图 1-37　交流压降法检查励磁绕组匝间短路

③ 定子绕组接地。当定子绕组出现接地故障时，会引起接地保护动作和报警，如果两点接地，还会使绕组局部被烧毁。

产生定子绕组接地的原因有：

- 线圈、铁芯或补偿绕组槽口存在毛刺，使得绕组被击穿。
- 绕组固定不好，在电动机负载运行时绕组发生移位，经常往复移动使得绝缘磨损而接地。

检查方法：定子绕组接地的检查应按照与电枢串联绕组（串励绕组、换向极绕组、补偿绕组）回路和励磁回路进行。

先用兆欧表测量，后用万用表核对，以区别绕组是绝缘受潮还是绕组确实接地，分以下几种情况：

- 绝缘电阻阻值为零，但用万用表测量时，万用表还有读数指示，说明绕组绝缘没有被击穿，采用清扫吹风办法，有可能使绝缘电阻阻值上升。
- 绝缘电阻阻值为零，改用万用表测量其值也为零，说明绕组已接地，可将绕组连接拆开，分别测量每个磁极绕组的绝缘电阻，可发现某个磁极绕组已接地，其余完好。重点烘干处理这个接地故障的磁极绕组。查出故障线圈后，如果无法判明短路点的位置，可用 220V 交流检验灯检查，一般短路点会发生放电、电火花或烟雾等现象，根据这些现象来确定短路点。
- 所有磁极绕组的绝缘电阻阻值均为零，虽然拆开连接线，但普遍的测量结果是绝缘电阻阻值都较低。处理方法是先将绕组清扫，绝缘材质如果没有老化，可采用中性洗涤剂进行清洗，清洗后烘干处理。

（2）电枢绕组的故障及修理

① 电枢绕组短路。当电枢绕组由于短路故障而烧毁时，可通过观察找到故障点，也可将 6 ~ 12V 的直流电源接到换向器两侧，用直流毫伏表测量各相邻的两个换向片的电压值，以足够的电流通入电枢，使直流毫伏表的读数

约在全读数的 3/4 处，从 1、2 片开始，逐片测量，毫伏表的读数应是有规律的，如果出现读数很小或接近零，表明接在这两个换向片上的线圈一定存在短路故障，若读数为零，则原因多为换向器片间存在短路，如图 1-38 所示。

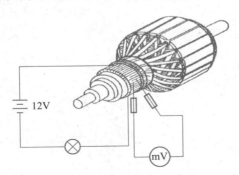

图 1-38　电枢绕组短路的检查

电枢绕组短路的原因往往是绝缘电阻损坏，使同槽线圈匝间短路，或上下层间短路。若电动机使用不久，绝缘电阻并未老化，当一个或两个线圈有短路时，可以切断短路线圈，在两个换向片上接以跨接线，继续使用。若短路线圈过多，则应重绕。

② 电枢绕组断路。电枢绕组发生断路，多数是由于换向片与导线接头片焊接不良，或个别线圈内部导线断线，这时的现象是在运行中电刷发生不正常的火花。检查方法如图 1-39 所示，将毫伏表跨接在换向片上（直流电源的接法同前），有断路的电枢绕组所接换向片被毫伏

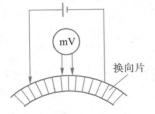
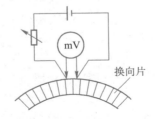

(a) 电源跨接在数片换向片两端　　(b) 电源直接接在相邻两个换向片上

图 1-39　电枢绕组断路的检查方法

表跨接时，将有读数指示，且指针剧烈跳动（要防止损坏表头），但毫伏表跨接在完好的电枢绕组所接的换向片上时，将无读数指示。对于较大的直流电动机，可将直流电源接在相邻的两个换向片上。但应注意，测试时，必须保证先接通电源，再接电压表，电源未与换向片接通时，电压表不能与电源线相接，否则可能因电压过高损坏电压表。

紧急处理方法为，在叠绕组中，将有断路的电枢绕组所接的两相邻换向片用跨接线连起来；在波绕组中，也可以用跨接线将有断路的电枢绕组所接的两换向片接起来，但这两个换向片相隔一个极距，而不是相邻的两片。

③ 电枢绕组接地。产生电枢绕组接地的原因，多数是槽绝缘及绕组元件绝缘损坏，导体与砖坯钢片碰接所致，也有换向器接地的情况，但并不多见。

检查方法：将电枢取出搁在支架上，将电源线的一根串接一个灯泡再接

在换向片上，另一根接在轴上，如图 1-40 所示，若灯泡发亮，则说明此线圈接地。要具体确定哪一槽的线圈接地，可使用毫伏表测量，即将毫伏表一端接轴，另一端与换向片依次接触，若线圈完好，则指针摆动。当与接地线圈所连接的换向片接触时，指针不动。要判明是线圈接地还是换向器接地，则需进一步检查，将接地线圈的接线头从换向片上脱焊下来，分别测量，就能确定。

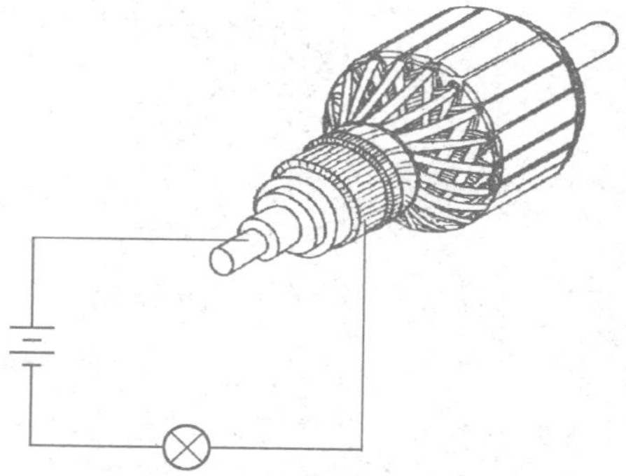

图 1-40　电枢绕组接地的检查

（3）换向器的修理工艺

① 片间短路。当毫伏表找出电枢绕组短路处后，为了确定短路故障是发生在电枢绕组内还是在换向片之间，可以先将与换向片相连的绕组线头脱焊开，然后用万用表检验换向片间是否短路，如果发现片间表面短路或有火花灼烧伤痕，修理时，只要刮掉片间短路的金属屑、电刷粉末、腐蚀性物质及尘污等，直到用万用电表检验无短路为止。再用云母粉末或者小块云母加上胶水填补孔洞使其干燥。若上述方法不能消除片间短路，那就得拆开换向器，检查其内表面。

② 接地。换向器接地经常发生在前面的云母环上，这个环有一部分露在外面，由于灰尘、油污和其他碎屑堆积在上面，很容易造成漏电接地故障。发生漏电接地故障时，这部分的云母片大都已经被烧毁，故障查找比较容易，再用万用表进一步确定故障点，修理时，把换向器上的紧固螺帽松开，取下前面的端环，把因接地而烧毁的云母片刮去，换上同样尺寸和厚薄的新云母片，装好即可。

③ 换向片凹凸不平。该故障主要是由于装配不良或过分受热所致，使换向器松弛，电刷下产生火花，并发出"啪啪"的声音。修理时，先松开端环，再将凹凸的换向片校平，或加工车圆。

④ 云母片凸出。换向片的磨损通常比云母快，从而使云母片凸出。修理时，把凸出的云母片刮削到比换向片低约 1mm，刮削要平整。

任务实施

1. 直流电动机定子绕组故障查找

（1）设备器材及工具：兆欧表、试灯、电压表。

（2）工艺制定：完成接地故障点的查找。

（3）工艺步骤。

① 兆欧表检查法。

② 试灯检查法。

③ 压降法。

④ 冒烟法。

2. 直流电动机电枢绕组短路、断路与接地故障的查找

（1）设备器材及工具：毫伏表、电流表、兆欧表、直流电源。

（2）工艺制定：完成故障的确定。

（3）工艺步骤。

① 短路检查。

② 断路检查。

③ 接地检查。

3. 换向器故障的查找

（1）设备器材及工具：毫伏表、电流表、兆欧表、直流电源。

（2）工艺制定：完成故障的确定。

（3）工艺步骤。

① 片间短路检查。

② 接地故障检查。

③ 换向片凹凸不平修理。

④ 云母片凸出修理。

技能考核

（一）直流电动机定子绕组故障查找

1. 考核任务

能分别用以上 4 种方法查找直流电动机定子绕组的故障。

2. 考核要求及评分标准（见表 1-9）

表 1-9　考核要求及评分标准

考核内容	配分	评分标准	得分
兆欧表检查法	25	不错判、漏判，错判、漏判一处扣 10 分，扣完为止	
试灯检查法	25	不错判、漏判，错判、漏判一处扣 10 分，扣完为止	
压降法	25	不错判、漏判，错判、漏判一处扣 10 分，扣完为止	
冒烟法	25	不错判、漏判，错判、漏判一处扣 10 分，扣完为止	

（二）直流电动机电枢绕组短路、断路与接地故障的查找

1. 考核任务

能查找直流电动机电枢绕组短路、断路和接地故障。

2. 考核要求及评分标准（见表 1–10）

表 1–10　考核要求及评分标准

考核内容	配分	评分标准	得分
短路检查	40	不错判、漏判，错判、漏判一处扣 10 分，扣完为止	
断路检查	30	不错判、漏判，错判、漏判一处扣 10 分，扣完为止	
接地检查	30	不错判、漏判，错判、漏判一处扣 10 分，扣完为止	

（三）换向器故障的查找

1. 考核任务

能查找换向器的故障，并进行常见故障的维修。

2. 考核要求及评分标准（见表 1–11）

表 1–11　考核要求及评分标准

考核内容	配分	评分标准	得分
片间短路检查	30	不错判、漏判，错判、漏判一处扣 10 分，扣完为止	
接地故障检查	30	不错判、漏判，错判、漏判一处扣 10 分，扣完为止	
换向片修理	40	正确修复换向器表面，修复后换向器与电刷磨合及负载下火花正常	

练 习 题

1. 电枢绕组的局部短路或断路的应急措施有哪些？

2. 简述换向器片间短路及换向器对地短路故障的修理方法。

3. 说明更换电刷的注意事项。如何测量和调节电刷对换向器的压力？

4. 为什么直流电动机能发出直流电？如果没有换向器，直流电动机能不能发出直流电流？

5. 并励直流电动机在运行中，若励磁绕组断线，将会出现什么情况？

参考答案

项目1任务4

思考与练习

参考答案
项目 1 思考
与练习

一、填空题

1. 直流电机具有 _____ 性，既可作 _____ 运行，又可作 _____ 运行。作为发电机运行时，将 _____ 变成 _____ 输出，作为电动机运行时，则将 _____ 变成 _____ 输出。

2. 直流电动机根据励磁方式的不同可分为 _____ 电动机、_____ 电动机、_____ 电动机和 _____ 电动机。

3. 直流电机的换向极安装在 _____，其作用是 _____。

4. 并励直流电动机，当电源反接时，其中 I_a 的方向为 _____，转速方向为 _____。

5. 直流电机由 _____ 和 _____ 两部分组成。直流电动机的基本工作原理是 _____；直流发电机的工作原理是 _____。

6. 直流电动机定子绕组常见的故障有 _____、_____、_____。

7. 直流电动机电枢绕组常见的故障有 _____、_____、_____。

8. 直流电动机换向器常见的故障有 _____、_____、_____。

9. 直流电动机的起动方法有 _____、_____。

10. 直流电动机的调速方法有 _____、_____、_____。

二、判断题

1. (　　) 一台直流发电机，若把电枢固定，而电刷与磁极同时旋转，则在电刷两端仍能得到直流电压。

2. (　　) 一台串励直流电动机，若改变电源极性，则电动机转向也会改变。

3. (　　) 直流电机中，换向极的作用是改变换向，所以安装在电机中的换向极都能起到改变换向的作用。

4. (　　) 直流电动机的额定功率，既表示输入功率也表示输出功率。

5. (　　) 他励直流电动机的励磁和负载转矩不变时，电源电压降低后电动机的转速将上升。

6. (　　) 起动他励直流电动机要先加励磁电压，再接通电枢电源。

7. (　　) 改变他励电动机的转向，可以同时改变电枢绕组和励磁绕组的方向。

8. (　　) 直流电动机的人为机械特性都比固有机械特性软。

9. (　　) 直流电动机弱磁调速时，其磁通减小，转速增大。

10. (　　) 直流电动机串多级起动电阻起动，在起动过程中，每切除一级起动电阻，电枢电流都将突变。

三、选择题

1. 直流发电机主磁极磁通产生的感应电动势存在于（　　　）中。
   A. 电枢绕组　　　　　　　　　　B. 励磁绕组
   C. 电枢绕组和励磁绕组　　　　　D. 以上选项都不对

2. 直流发电机电刷在几何中线上，如果磁路不饱和，这时电枢的反应是（　　　）
   A. 去磁　　　　　　　　　　　　B. 助磁
   C. 不去磁也不助磁　　　　　　　D. 以上选项都不对

3. 直流电机 $U = 240V$，$Ea = 220V$，则此电机处于（　　　）。
   A. 电动机状态　　　　　　　　　B. 发电机状态
   C. 不能确定　　　　　　　　　　D. 以上选项都不对

4. 直流电动机中，电动势的方向与电枢电流方向 _____；直流发电机中，电动势的方向与电枢电流的方向 _____。（　　　）
   A. 相同，相同　　　　　　　　　B. 相同，相反
   C. 相反，相同 D. 相反，相反

5. 在直流电机中，电枢的作用是（　　　）。
   A. 将交流电变为直流电　　　　　B. 实现直流电能和机械能之间的转换
   C. 在气隙中产生主磁通　　　　　D. 将直流电流变为交流电流

6. 他励直流电动机的人为机械特性与固有机械特性相比，其理想空载转速和斜率均发生了变化，那么这条人为机械特性一定是（　　　）。
   A. 串电阻的人为机械特性　　　　B. 降压的人为机械特性
   C. 弱磁的人为机械特性　　　　　D. 不能确定

7. 直流电动机采用降低电源电压的方法起动，其目的是（　　　）
   A. 使起动平稳　　　　　　　　　B. 减小起动电流
   C. 减小起动转矩　　　　　　　　D. 不能确定

8. 一直流电动机拖动一台他励直流发电机，当电动机的外电压、励磁电流不变时，增加发电机的负载，则电动机的电枢电流和转速 n 将（　　　）。
   A. 电流增大，n 降低　　　　　　B. 电流减小，n 升高
   C. 电流减小，n 降低　　　　　　D. 以上选项都不对

9. 一台他励直流电动机，在保持转矩不变时，如果电源电压 U 降为原来的 0.5 倍，忽略电枢反应和磁路饱和的影响，此时电动机的转速（　　　）。
   A. 不变　　　　　　　　　　　　B. 转速降低到原来转速的 0.5 倍
   C. 转速下降　　　　　　　　　　D. 无法判定

10. 直流电动机的额定功率指（　　　）。
    A. 转轴上吸收的机械功率　　　　B. 转轴上输出的机械功率
    C. 电枢端口吸收的电功率　　　　D. 电枢端口输出的电功率

项目 2

>> 交流电动机

交流电动机分为异步电动机和同步电动机两种，其中异步电动机具有结构简单、工作可靠、价格低廉、维护方便、效率较高等优点，它的缺点是功率因数较低，调速性能不如直流电动机。异步电动机是所有电动机中应用最广泛的一种。一般的机床、起重机、传送带、鼓风机、水泵以及各种农副产品的加工等都普遍使用三相异步电动机，各种家用电器、医疗器械和许多小型机械则使用单相异步电动机，而在一些有特殊要求的场合则使用特种异步电动机。

目前，小型异步电动机的基本系列是 Y 系列，它采用 B 级绝缘材料和 D22、D23 硅钢片制成，是 20 世纪 80 年代取代 JO$_2$ 系列的更新换代产品。与以往的 J$_2$、JO$_2$ 系列相比较，Y 系列具有效率高、节能、起动转矩大、振动小、噪声低、运行可靠等优点。由该系列又派生出各种特殊系列，例如：具有电磁调速的 YCT 系列，能变级调速的 YD 系列，具有高起动转矩的 YQ 系列等。

延伸阅读
"电机调速"
与爱岗敬业

导学
三相异步电
动机

PPT
三相异步电
动机的结构

任务 1 三相异步电动机的拆装

三相异步电动机一旦发生故障，就需要进行拆卸，故障排除后，又需要进行装配。本任务主要学习三相异步电动机的结构和工作原理，学会拆装三相异步电动机的技能。

微课
三相异步电
动机的结构

◎ 任务目标

（1）能熟练掌握三相异步电动机的结构和工作原理。
（2）能熟悉掌握三相异步电动机的拆装顺序、拆装工艺。
（3）能正确使用各种拆装工具，完成三相异步电动机的拆装。

※ 任务引导

1. 三相异步电动机的结构

三相异步电动机的种类有很多，从不同的角度看，可以有不同的分类方式。如按转子绕组的结构方式分，可分为笼型异步电动机和绕线转子异步电动机两类：若按机壳的防护形式分，可分为防护式、封闭式和开启式；还可按电动机的容量、耐压等级、冷却方式等进行分类。不论三相异步电动机的分类方式如何，其基本结构是相同的，都由定子和转子两大部分构成，当然，在定子和转子之间还有气隙存在。

三相异步电动机的常见外形和结构如图 2-1 所示。

（a）电机整机外形　　　　（b）铁芯和绕组示意图　　　（c）三相绕组及接线盒

图 2-1　三相异步电动机的常见外形和结构

三相异步电动机的结构分解如图 2-2 所示。

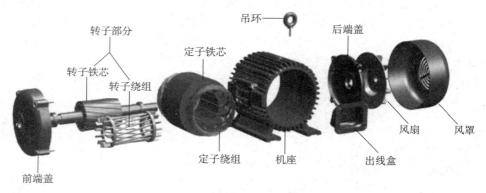

图 2-2　三相异步电动机的结构分解图

下面介绍三相异步电动机主要零部件的结构及作用。

（1）定子

三相异步电动机的定子主要包括定子铁芯、定子绕组和机座。定子部分的作用主要是通电产生旋转磁场，实现机电能量转换。

① 定子铁芯。定子铁芯是电机磁路的一部分，定子的铁芯槽需放置定子绕组。为了使导磁性能良好和减小交变磁场在铁芯中的铁芯损坏，一般采用 0.5mm 厚的硅钢片叠压而成。定子铁芯片如图 2-3（a）所示，定子铁芯片压装成定子铁芯如图 2-3（b）所示，叠片内圆冲有槽，以嵌放定子绕组；定子铁芯压装在机座内，如图 2-3（c）所示。

② 定子绕组。定子绕组的主要作用是通过电流产生旋转磁场以实现机电能量转换。定子绕组经常使用一股或几股高强度绝缘漆包线绕成不同形式的线圈，如图 2-4（a）所示。线圈嵌放在定子铁芯槽内，按一定规律连成三相对称绕组 AX、BY、CZ 或者 U_1U_2、V_1V_2、W_1W_2，如图 2-4（b）所示；绕

组连好以后，还必须进行端部整形，如图 2-4（c）所示，将其形状整成喇叭状；定子绕组嵌放在机座内，如图 2-4（d）所示。

视频
三相异步电动机的结构

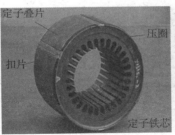

（a）定子铁芯片　　　　　（b）定子铁芯　　　（c）定子铁压装在机座内

图 2-3　三相异步电动机的定子铁芯

动画
三相异步电动机绕组的二次接线

（a）漆包线绕成的线圈　（b）定子三相绕组　（c）绕组的端部形状　（d）带绕组的机座

图 2-4　三相异步电动机的定子绕组

> 💡 提 示
>
> 定子绕组是电动机的电路部分。

三相异步电动机的接线盒如图 2-5（a）所示，三相绕组在接线盒内通常有 6 个接线端子，3 个首端 A、B、C 或 U_1、V_1、W_1，3 个尾端 X、Y、Z 或 U_2、V_2、W_2，三相绕组可以连成星形（Y），如图 2-5（b）所示，或者连成三角形（△），如图 2-5（c）所示。

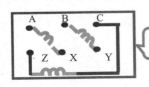

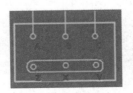

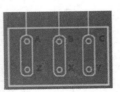

（a）接线盒　　　　　（b）绕组的星形连接　　　（c）绕组的三角形连接

图 2-5　三相异步电动机的二次接线

③ 机座。机座是电动机机械结构的组成部分，如图 2-6 所示，其主要作用是固定和支撑定子铁芯，还有固定端盖。在中小型电动机中，端盖兼有轴承座的作用，则机座还起到支撑电动机的转动部分的作用，故机座要有足够的机械强度和刚度。中小型电动机一般采用铸铁机座，而大容量的异步电动机则采用钢板焊接机座。对于封闭式中小型异步电动机其机座表面有散热筋片以增加散热面积，使紧贴在机座内壁上的定子铁芯中的定子铁耗和铜耗产生的热量，通过机座表面加快散发到周围空气中，不使电动机过热。对于大型的异步电动机，机座内壁与定子铁芯之间隔开一定距离，作为冷却空气的通道，因而不需要散热筋片。

（a）无铁芯的机座　　　　　　（b）带铁芯的机座

图 2-6　三相异步电动机的机座

（2）转子

转子由转子铁芯、转子绕组、转轴、风扇等组成。

① 转子铁芯。转子铁芯是电动机磁路的一部分，通常为圆柱形，由定子铁芯冲片剩下的 0.5mm 内圆硅钢片制成，如图 2-7（a）所示，以减小铁芯损耗；叠片外圆周上冲有许多均匀分布的槽，以嵌放转子绕组。转子铁芯固定在转轴上，见图 2-7（b）和图 2-7（c）。转子铁芯与定子铁芯之间有微小的空气隙，它们共同组成电动机的磁路。

  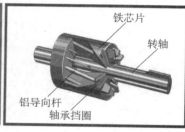

铁芯片

转轴

铝导向杆

轴承挡圈

照片：轴

（a）转子铁芯片　　　　　　（b）转轴　　　　　　（c）带铁芯的转子

图 2-7　三相异步电动机的转子铁芯

② 转子绕组。转子绕组是电动机的电路部分，有笼型（见图 2-8（a））和绕线型（见图 2-8（b））两种结构。

（a）笼型　　　　　　（b）绕线型

图 2-8　三相异步电动机的转子绕组型式

笼型转子绕组是由嵌在转子铁芯槽内的若干铜条组成的，两端分别焊接在两个短接的端环上。如果去掉铁芯，转子绕组的外形就像一个鼠笼，故称为笼型转子。目前中小型笼型电动机大都在转子铁芯槽中浇铸铝液，铸成笼型绕组，并在端环上铸出许多叶片，作为冷却的风扇。笼型转子的结构如

图 2-9 所示。

（a）宠型转子　　　　（b）转子铁芯　　　　（c）鼠笼导条

图 2-9　笼型转子的结构

　　绕线型转子的绕组与定子绕组相似，在转子铁芯槽内嵌放对称的三相绕组，做星形联结。三相绕组的 3 个尾端联结在一起，3 个首端分别接到装在转轴上的 3 个铜制滑环上，通过电刷与外电路的可变电阻器相联结，用于起动或调速，如图 2-10 所示。

  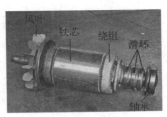

（a）三相绕组　　　　　（b）集电环　　　　　（c）绕线转子

图 2-10　绕线型转子的结构

　　绕线型异步电动机由于其结构复杂，价格较高，一般只用于对起动和调速有较高要求的场合，如立式车床、起重机等。

　　（3）气隙

　　三相异步电动机的定子与转子之间的气隙比同容量的直流电动机的气隙要小得多，一般仅为 0.2 ~ 1.5mm。气隙的大小对三相异步电动机的性能影响极大。气隙大，则磁阻大，由电网提供的励磁电流（滞后的无功电流）大，使电动机运行时的功率因数降低，但如果气隙过小，将使装配困难，运行不可靠，而且高次谐波磁场增强，从而使附加损耗以及起动性能变差。

2. 三相异步电动机的工作原理

　　三相异步电动机的工作原理，是基于定子旋转磁场（定子绕组内三相电流所产生的合成磁场）和转子电流（转子绕组内的电流）的相互作用。

　　（1）转动原理

　　图 2-11 是三相异步电动机转子转动原理图，若用手摇动手柄，使磁场以转速 n 顺时针方向旋转，则旋转磁场切割转子铜条，在铜条中产生感应电动势（用右手定则判定），从而产生感应电流。电流与磁场相互作用产生电磁力 F（用左手定则判定），由电磁力产生电磁转矩 T，若 T 大于所带的机械负载，转子便会转动，而且转子转动的方向与磁场方向相同。

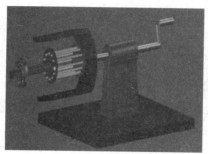

（a）异步电动机转动原理示意图

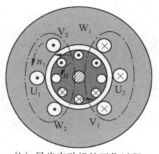

（b）异步电动机的工作过程

图 2-11　三相异步电动机转子转动原理图

三相异步电动机的工作过程大致可以分三步，如图 2-11（b）所示。

电生磁：三相对称绕组通入三相电流，产生以一定速度旋转的磁场，磁场的速度通常用 n_1 来表示。

● 磁生电：转子导条切割磁力线产生感应电动势、感应电流。

产生电磁力、形成电磁转矩：载流导体在磁场中受到电磁力的作用，形成电磁转矩，拖动电动机转子旋转，旋转的速度我们通常用 n 来表示。

可是在异步电动机中并没有看到具体的磁极，那么旋转的磁场从何而来呢？转子又是如何旋转的呢？下面我们来研究一下异步电动机的旋转磁场。

（2）旋转磁场

① 旋转磁场的产生。三相异步电动机的定子铁芯中放有三相对称绕组 U_1U_2、V_1V_2、W_1W_2，如图 2-12 所示，图中 U_1、V_1、W_1 和 U_2、V_2、W_2 分别代表各相绕组的首端与末端。为了方便分析，假设每相绕组只有一个线圈，分别嵌放在定子内圆周的铁芯槽中。

那么什么样的绕组称为三相对称绕组呢？所谓三相对称绕组，是指三相绕组的几何尺寸、匝数、连接规律等相同，另外，三相绕组的首端（或末端）在空间必须相差 120° 电角度。

现在假设三相对称定子绕组连接成星形，如图 2-12 所示，当定子绕组接通三相电源时，便在绕组中产生了三相对称电流。在定子绕组中，电流的正方向规定为自各相绕组的首端到它的末端，并取流过 U 相绕组的电流 i_U 作为参考正弦量，即 i_U 的初相位为零，则各相电流的瞬时值可表示为（相序为 U—V—W）

$$i_U = I_m \sin \omega t$$
$$i_V = I_m \sin(\omega t - 120°)$$
$$i_W = I_m \sin(\omega t - 240°)$$

电流的参考方向如图 2-12 所示，三相电流的波形如图 2-13 所示。在电流的正半周时，其值为正，实际方向与参考方向相同；在电流的负半周时，其值为负，实际方向与参考方向相反。下面分析不同时间的合成磁场。

在 $\omega t = 0$ 时，$i_U = 0$；i_V 为负，电流实际方向与正方向相反，即电流从 V_2 端流到 V_1 端；i_W 为正，电流实际方向与正方向一致，即电流从 W_1 端流到 W_2 端。

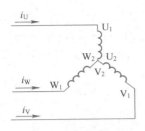

图 2-12　星形连接的三相对称绕组

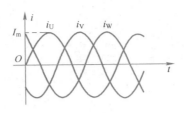

图 2-13　三相电流的波形

按右手定则确定三相电流产生的合成磁场，如图 2-14（a）箭头所示。

在 $\omega t=120°$，i_U 为正；$i_V=0$；i_W 为负。此时的合成磁场如图 2-14（b）所示，合成磁场已从 $t=0$ 瞬间所在位置顺时针方向旋转了 120°。

在 $\omega t=240°$，i_U 为负，即电流从 U_2 端流到 U_1 端；i_V 为正，即电流从 V_1 端流到 V_2 端；$i_W=0$。此时的合成磁场如图 2-14（c）所示，合成磁场已从 $t=0$ 瞬间所在位置顺时针方向旋转了 240°。

在 $\omega t=360°$，$i_U=0$，i_V 为负，i_W 为正，合成磁场从 $t=0$ 瞬间所在位置顺时针方向旋转了 360°。

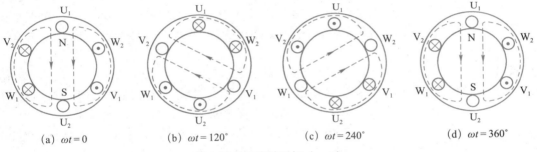

(a)　$\omega t=0$　　　(b)　$\omega t=120°$　　　(c)　$\omega t=240°$　　　(d)　$\omega t=360°$

图 2-14　三相电流产生旋转磁场（p=1）

按以上分析可以证明：当三相电流随时间不断变化时，合成磁场在空间中也不断旋转，这样就产生了旋转磁场。

② 旋转磁场的转向。从图 2-14 和图 2-15（a）可见，U 相绕组内的电流，超前于 V 相绕组内的电流 120°，而 V 相绕组内的电流又超前于 W 相绕组内的电流 120°，同时图 2-15 中所示旋转磁场的转向也是 U—V—W，即沿顺时针方向旋转。所以，旋转磁场的转向与三相电流的相序一致。

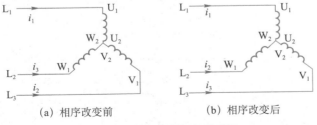

(a)　相序改变前　　　　　　　　(b)　相序改变后

图 2-15　改变电流相序示意图

如果将定子绕组接至电源的三根导线中的任意两根线对调，例如，将 V、W 两根线对调。如图 2-15（b）所示，则 V 相与 W 相绕组中电流的相位就对调，此时 U 相绕组内的电流超前于 W 相绕组内的电流 120°，因此，旋转磁场的转向也将变为 U—W—V，沿逆时针方向旋转，即与对调前的转向相反，如图 2-16 所示。

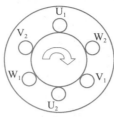 

（a）相序改变前的转向　　　（b）相序改变后的转向

图 2-16　改变旋转磁场方向示意图

由此可见，想要改变旋转磁场的转向（亦即改变电动机的旋转方向），只要把定子绕组接到电源的三根导线中的任意两根对调即可。

③ 旋转磁场的极数与转速。以上讨论的旋转磁场，只有一对磁极，即 $p=1$（p 表示电机的磁极对数）。从上述分析可以看出，电流变化一个周期（变化 360° 电角度），旋转磁场在空间中也旋转了一圈（转了 360° 机械角度），若电流的频率为 f_1，旋转磁场每分钟将旋转 $60f_1$ 圈，以 n_1 表示，即 $n_1=60f_1$。

如果把定子铁芯的槽数增加一倍，制成三相绕组，其中，每相绕组由两个部分串联组成，再将这三相绕组接到对称三相电源，使其通过对称三相电流，便产生了具有两对磁极的旋转磁场。此情况下电流变化半个周期（180° 电角度），旋转磁场在空间只转过了 90° 机械角度，即 1/4 圈。电流变化一个周期，旋转磁场在空间只转了 1/2 圈。

由此可知，当旋转磁场具有两对磁极 $p=2$ 时，其转速仅为一对磁极时的一半，即每分钟 $60f_1/2$ 转。依次类推，当有 p 对磁极时，其转速为：

$$n_1 = \frac{60f_1}{p} \qquad (2-1)$$

所以，旋转磁场的转速（即同步转速）n_1 与电流的频率成正比而与磁极对数成反比，因为标准工业频率（即电流频率）为 50Hz，因此，对应于不同的磁极对数时，同步转速如表 2-1 所示。

表 2-1　不同磁极对数对应的同步转速

p	1	2	3	4	5	6
n_1/(r/min)	3000	1500	1000	750	600	500

实际上，旋转磁场不仅可以由三相交流电获得，任何两相以上的多相交流电，流过相应的多相绕组，都能产生旋转磁场。

（3）三相异步电动机"异步"的由来

① 异步电动机的由来。现在我们已经知道了两个转速，一个是电动机转

子的转速 n，一个是磁场的转速 n_1，那么这两个转速会不会相等呢?

回答是这两个转速是不可能相等的。因为一旦转子的转速和旋转磁场的转速相同，二者便无相对运动，转子也就不能产生感应电动势和感应电流，也就没有了电磁转矩。只有当二者转速有差异时，才能产生电磁转矩，驱使转子转动。可见，转子转速 n 总是略小于旋转磁场的转速 n_1，正是由于这个原因，这种电动机被称为异步电动机。

② 转差率。旋转磁场的转速 n_1 与转子转速 n 的差称为转差或转差速度，用 Δn 表示，即 $\Delta n = n_1 - n$，转差与同步转速的比值称为异步电动机的转差率，用字母 s 表示，则

$$s = \frac{n_1 - n}{n_1} = \frac{\Delta n}{n_1} \tag{2-2}$$

异步电动机是通过转差率来影响电量的变化，以实现能量的转换和平衡的，因此，转差率是分析异步电动机运行特性的一个重要参数。转差率 s 常用百分数来表示。电动机起动瞬时，$n=0$，$s=1$；随着 n 的上升，s 不断下降。由于异步电动机转子的转速是随着负载的变化而变化的，所以转差率 s 也是随之而变化的。在额定负载情况下，$s=0.03 \sim 0.06$，这时 $n=(0.94 \sim 0.97)n_1$，与同步转速十分接近。若 $n=n_1$，$s=0$，为理想空载情况。所以异步电动机的转差率的取值范围是 $0 < s < 1$。

[例 2-1] 一台三相六极异步电动机，额定频率 50Hz，额定转速 n_N=950r/min，计算额定转差率 s_N。

解:

$$n_1 = \frac{60 f_1}{p} = \frac{60 \times 50}{3} = 1000 \text{r/min}$$

$$s_N = \frac{n_1 - n_N}{n_1} = \frac{1000 - 950}{1000} = 0.05$$

3. 三相异步电动机的铭牌数据

三相异步电动机的机座上都有一块铭牌，上面标有电动机的型号、规格和有关技术数据，如图 2-17 所示，要正确使用电动机，就必须看懂铭牌。

三相异步电动机					
型 号	Y132S-6	功 率	3 kW	频 率	50Hz
电 压	380 V	电 流	7.2 A	联 结	Y
转 速	960r/min	功率因数	0.76	绝缘等级	B

(a) 铭牌固定在机座上   (b) 铭牌示例

图 2-17　三相异步电动机的铭牌

现以 Y132S-6 型电动机为例，如表 2-2 所示，来说明铭牌上各个数据的含义。

对于三相异步电动机，其转子的转速总是略低于磁场的转速。

提示

转差率是一个很主要的物理量，电动机正常工作时，转差率很小。

PPT 三相异步电动机的铭牌数据

微课 三相异步电动机的铭牌数据

表2-2　三相异步电动机的铭牌数据

三相异步电动机				
型号	Y132S-6	功率	3kW	电压	380V
电流	7.2A	频率	50Hz	转速	960r/min
接法	Y	工作方式		外壳防护等级	
产品编号	××××××	重量		绝缘等级	B级
×× 电机厂	×年×月				

（1）型号

型号是电动机类型、规格的代号。国产异步电动机的型号由汉语拼音字母以及国际通用符号和阿拉伯数字组成，如在型号 Y132S-6 中，

Y：表示三相笼型异步电动机。

132：表示机座中心高 132mm。

S：表示机座长度代号（S—短机座，M—中机座，L—长机座）。

6：磁极数是 6，磁极对数 $p=3$。

（2）接法

接法是指电动机在额定电压下，三相定子绕组的联结方式，Y或△。一般功率在 3kW 及以下的电动机采用Y接法，4kW 及以上的电动机采用△接法。

（3）额定频率 f_N（Hz）

额定频率是指电动机定子绕组所加交流电源的频率，我国工业用交流电源的标准频率为 50Hz。

（4）额定电压 U_N（V）

额定电压是指电动机在正常运行时加到定子绕组上的线电压。

（5）额定电流 I_N（A）

额定电流是指电动机在正常运行时，定子绕组线电流的有效值。

（6）额定功率 P_N（kW）和额定效率 η_N

额定功率也称额定容量，是指在额定电压、额定频率、额定负载运行时，电动机轴上输出的机械功率。

额定效率是指输出机械功率与输入电功率的比值。

额定功率与额定电压、额定电流之间存在以下关系

$$P_N = \sqrt{3} U_N I_N \cos\varphi \eta_N \tag{2-3}$$

（7）额定转速 n_N（r/min）

额定转速是指在额定频率、额定电压和额定输出功率时，电动机每分钟转过的转数。

（8）温升和绝缘等级

电动机运行时，其温度高出环境温度的容许值叫容许温升。环境温度为 40℃，温升为 65℃ 的电动机最高允许温度为 105℃。

绝缘等级是指电动机定子绕组所用绝缘材料允许的最高温度等级，有 A、E、B、F、H、C 六级。目前一般电动机采用较多的是 E 级和 B 级。

容许温升的高低与电动机所采用的绝缘材料的绝缘等级有关。常用绝缘材料的绝缘等级和最高容许温度如表 2-3 所示。

💡 提　示

额定功率是在电动机的输出端定义的。

延伸阅读
功率因数的
意义

表 2-3　常用绝缘材料的绝缘等级和最高容许温度

绝缘等级	A	E	B	F	H	C
最高容许温度 /℃	105	120	130	155	180	>180

（9）功率因数 $\cos\varphi$

三相异步电动机的功率因数较低，在额定运行时约为 0.7 ~ 0.9，空载时只有 0.2 ~ 0.3，因此，必须正确选择电动机的容量，防止"大马拉小车"，并力求缩短空载运行时间。

（10）工作方式

异步电动机常用的工作方式有以下三种：

① 连续工作方式。可按铭牌上规定的额定功率长期连续使用，而温升不会超过容许值，可用代号 S1 表示。

② 短时工作方式。每次只允许在规定时间以内按额定功率运行，如果运行时间超过规定时间，则会使电动机过热而损坏，可用代号 S2 表示。

③ 断续工作方式。电动机以间歇方式运行，如起重机械的拖动多为此种方式，用代号 S3 表示。

[**例 2-2**]　一台三相异步电动机 $P_N = 10\text{kW}$，$U_N = 380\text{V}$，$\cos\varphi_N = 0.86$，$\eta_N = 0.88$，试计算电动机的额定电流 IN。

解：
$$I_N = \frac{P_N}{\sqrt{3}U_N\cos\varphi_N\eta_N} = \frac{10\times10^3}{\sqrt{3}\times380\times0.86\times0.88} = 20.1\text{A}$$

⚙ **任务实施**

1. 拆装设备器材及工具（见表 2-4）

表 2-4　拆装设备器材及工具一览表

设备、器材	异步电动机	兆欧表	槽楔	覆膜绝缘纸
工具	一字起子、十字起子	老虎钳	轴承拉杆	电工刀

2. 操作程序（完成工作任务的过程）

（1）根据异步电动机内部结构拆解，并将元件分类。

（2）检查各元件是否完好，绝缘情况是否良好。

（3）观察拆卸下的各部件，并进行分类，对各个元件进行观察识别并记录结果（各个元件的材质、结构、外形特点及绝缘完好度）。

（4）重新组装异步电动机，并能将定子绕组接成星形和三角形两种接法。

（5）检查异步电动机的绝缘性能。

技能考核

1. 考核任务

学生一组两人完成三相异步电动机的拆卸、元件分类、元件清理和安装。

2. 考核要求及评分标准

（1）考核要求

① 电动机拆卸顺序正确。

② 电动机拆卸方法正确。

③ 能发现各元件的破损之处。

④ 能正确合理地安装异步电动机。

⑤ 正确使用工具检测三相异步电动机绝缘。

（2）考核标准（见表2-5）

表2-5　考核标准一览表

序号	评价内容	配分	评分标准
1	拆卸电动机	30	拆卸顺序正确，顺序错扣10分 拆卸方法正确，无暴力拆解现象，出现元件损伤一处扣2分
2	识别归类各元件	10	能识别各元件，元件归类错一处扣1分
3	元件完整度检查	10	能发现元件的破损之处并予以指出其可能造成的危害，有未检查出的错误，一处扣一分
4	电动机安装	30	能顺序安装电动机，顺序、操作不当一处扣2分 能正确对整机绝缘情况进行检测，接线错误扣一分，检测项目不正确一项扣5分
5	电动机端子接线	20	能将端子接成星形10分 能将端子接成三角形10分

练习题

1. 说明三相异步电动机名称中，"异步""感应"的含义。

2. 三相异步电动机正常运行时，如果转子突然被卡住而不能转动，试问这时电动机的电流有何改变？对电动机有何影响？

3. 三相异步电动机的旋转磁场是如何产生的？旋转磁场的转向由什么决定？如何改变旋转磁场的方向？

4．三组异步电动机旋转磁场的转速由什么决定？对于工频下的 2、4、6、8、10 极的三相异步电动机的同步转速为多少？

5．当三相异步电动机转子电路开路时，电动机能否转动？为什么？

6．何谓三相异步电动机的转差率？额定转差率一般是多少？起动瞬间的转差率是多少？

7．当三相异步电动机的机械负载增加时，为什么定子电流会随转子电流的增大而增大？

8．简述电动机型号 Y112S-2 的含义。

9．三相绕线型异步电动机与鼠笼型异步电动机在结构上主要有什么区别？

10．三相异步电动机定子和转子之间的气隙是大好还是小好？为什么？

11．三相异步电动机的转向主要取决于什么？说明如何实现异步电动机的反转。

12．一台六极异步电动机由频率为 50Hz 的电源供电，其额定转差率为 $s=0.05$，求该电动机的额定转速。

13．一台三相异步电动机，额定功率 P_N 为 4kW，额定电压 U_N 为 380V，功率因数 $\cos\varphi_N$ 为 0.88，额定效率 η_N 为 0.87，求异步电动机的额定电流。

14．两台三相异步电动机的电源频率为 50Hz，额定转速分别为 1430r/min 和 2900r/min，试问它们是几极电动机？额定转差率分别是多少？

15．一台三相异步电动机，其额定功率为 4.5kW，绕组 Y/△ 联结，额定电压为 380V/220V，额定转速为 1450r/min，试求：

（1）接成 Y 联结及 △ 联结时的额定电流；

（2）同步转速及定子磁极对数；

（3）带额定负载时的转差率。

16．一台三相异步电动机 P_N=30kW，U_N=380V，$\cos\varphi_N$=0.86，η_N=0.91，试计算电动机的输入功率 P_1 和额定电流 I_N。

17．某三相异步电动机的铭牌数据是：P_N=2.8kW、△/Y 接法、U_N=220/380V、I_N=10.9/6.3A、n_N=1370r/min、f=50Hz、$\cos\varphi_N$=0.84。试计算：（1）额定效率 η；（2）额定转矩 T_N；（3）额定转差率 s_N；（4）电动机的极数 $2p$。

任务 2　三相异步电动机机械特性的求取

电磁转矩 T 是驱动电动机转子运转的主要动力，是电动机的主要物理量，而机械特性则是分析电动机运行特性的主要依据。

◎ 任务目标

（1）能熟练掌握三相异步电动机电磁转矩的三种表达式。

动画
正反转在生产实际中的应用1

动画
正反转在生产实际中的应用2

PPT
三相异步电动机的转矩与机械特性

微课
三相异步电动机的转矩与机械特性

> ♀ **提　示**
>
> Y 联结时，额定电压为 380V；
>
> △ 联结时，额定电压为 220V。
>
> 磁极对数是磁极数的一半，如四极电动机，磁极对数为 2。

（2）能熟练求取三相异步电动机的固有机械特性、人为机械特性。

（3）能通过铭牌数据求取三相异步电动机电磁转矩的实用表达式。

⁂ 任务引导

1. 三相异步电动机的电磁转矩

三相异步电动机的电磁转矩表达式有很多，有物理表达式、参数表达式、实用表达式。

（1）物理表达式

三相异步电动机的电磁转矩的物理表达式为

$$T = C_T \Phi_1 I_2' \cos\varphi_2 \tag{2-4}$$

通过公式（2-4）我们可以得出结论，三相异步电动机的电磁转矩与气隙每极磁通、转子电流的有功分量成正比。

三相异步电动机电磁转矩的物理表达式经常用来定性分析三相异步电动机的运行问题。

[例2-3] 为何在农村的用电高峰期间，作为动力设备的三相异步电动机易烧毁？

解：电动机的烧毁是指绕组过电流严重，绕组的绝缘过热而损坏，造成绕组短路等事故。由于用电高峰期间，水泵、脱粒机等农用机械用量大，用电量增加很多，电网电流增大，线路压降增大，使电源电压下降过多，这样势必影响到农用电动机，使其主磁通大为下降，在同样的负载转矩下，由公式（2-4）可知，转子电流将大为增加，尽管主磁通下降，空载电流会下降，但它下降的程度远比转子电流增加的程度小，根据电流形式的磁通势平衡方程式，定子电流也将大大增加，使电动机长时间工作在过载状态，就会发生"烧机"现象。

（2）参数表达式

三相异步电动机的电磁转矩的参数表达式为

$$T = \frac{m_1 p U_1^2 \dfrac{r_2'}{s}}{2\pi f_1 \left[\left(r_1 + \dfrac{r_2'}{s} \right)^2 + (x_1 + x_2')^2 \right]} \tag{2-5}$$

式（2-5）反映了三相异步电动机的电磁转矩 T 与电源相电压 U_1、频率 f_1、电动机的参数（r_1、r_2'、x_1、x_2'、p 及 m_1）以及转差率 s 之间的关系，称为参数表达式。显然，当电源参数及电动机的参数不变时，电磁转矩仅与转差率 s 有关。

参数表达式可以精确计算和考查电动机参数对三相异步电动机运行性能的影响。

（3）实用表达式

在实际中，按式（2-5）进行计算比较麻烦，而且在电动机手册和产品目录中往往只给出额定功率、额定转速、过载能力等，而不给出电动机的内

提 示

三相异步电动机电磁转矩的物理表达式经常用于定性分析电动机的运行问题。

三相异步电动机的电磁转矩正比于转子电流的有功分量。

部参数。

因此，需要将式（2-5）进行简化（推导从略），得出电磁转矩的实用表达式为

$$T = \frac{2T_m}{\dfrac{s_m}{s} + \dfrac{s}{s_m}}$$

（2-6）

> **提 示**
>
> 实用表达式适用于工程计算。

式（2-6）中 T_m 代表电动机能达到的最大转矩，s_m 代表电动机取得最大转矩时对应的转差率。实用表达式主要用于工程中的计算。

2. 三相异步电动机的机械特性

在实际应用中，需要了解异步电动机在电源电压一定时，转速 n 与电磁转矩 T 的关系。我们把 $n=f(T)$ 关系曲线或转换后的 $T=f(s)$ 关系曲线称为三相异步电动机的机械特性曲线，如图 2-18 所示，用它来分析电动机的运行情况更为方便。

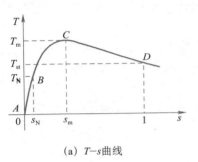

（a）$T-s$ 曲线

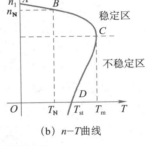

（b）$n-T$ 曲线

图 2-18 三相异步电动机的机械特性

在机械特性曲线上值得注意的有两个区和 4 个特殊点。

以最大转矩 $_{Tm}$ 为界，分为两个区，上部为稳定区，下部为不稳定区。当电动机工作在稳定区内某一点时，电磁转矩与负载转矩相平衡而保持匀速转动。如负载转矩发生变化，电磁转矩将自动适应负载转矩的变化达到新的平衡而稳定运行。当电动机工作在不稳定区时，则电磁转矩将不能自动适应负载转矩的变化，因而不能稳定运行。

4 个特殊点是：同步点、额定转矩工作点，最大转矩点（又称为临界点）和起动转矩点。

（1）同步点

同步点在图 2-18（a）、（b）上，对应 A 点。此时电动机的转速是同步转速，电磁转矩为 0，因此此状态是电动机的理想工作状态。

（2）额定转矩工作点

对应图 2-18（a）、（b）上的 B 点，电动机在额定电压下，带上额定负载，以额定转速运行，输出额定功率时的电磁转矩称为额定转矩。在忽略空载转矩的情况下，额定转矩就等于额定输出转矩，用 T_N 表示

$$T_N = 9550\frac{P_N}{n_N}$$

（2-7）

式中，P_N——异步电动机的额定功率，单位为 kW。

n_N——异步电动机的额定转速，单位为 r/min。

T_N——异步电动机的额定转矩，单位为 N·m。

（3）最大转矩点

在图 2-18（a）、（b）上对应 C 点，转矩的最大值称为最大转矩，它是稳定区与不稳定区的分界点，因此又称为临界点。电动机正常运行时，最大负载转矩不可超过最大转矩，否则电动机将带不动负载，转速越来越低，发生所谓的"闷车"现象，此时电动机电流会升高到电动机额定电流的 4～7 倍，使电动机过热，甚至烧坏。为此将额定转矩 T_N 选得比最大转矩 T_m 低，使电动机能有短时过载运行的能力。通常用最大转矩 T_m 与额定转矩 TN 的比值 λ_m 来表示过载能力，即 $\lambda_m=T_m/T_N$。一般三相异步电动机的过载能力 $\lambda_m=1.8～2.2$。

理论分析和实际测试都可以证明，最大转矩 Tm 和临界转差率 sm 具有以下特点：

- T_m 与 U_1^2 成正比，s_m 与 U_1 无关。电源电压的变化对电动机的工作影响很大。
- T_m 与 f_1^2 成反比。电动机变频时要注意对电磁转矩的影响。
- T_m 与 R_2 无关，s_m 与 R_2 成正比。改变转子电阻可以改变转差率和转速。

当我们通过铭牌数据 P_N、n_N、λ_m 求取电动机电磁转矩的实用表达式时可以采用这样的方法：

求 T_N，其公式为 $T_N = 9550 \dfrac{P_N}{n_N}$

求 Tm，其公式为 $T_m = \lambda_m \times T_N$

求 sN，其公式为 $s_N = \dfrac{n_1 - n_N}{n_1}$

求 sm，其公式为 $s_m = s_N(\lambda_m + \sqrt{\lambda_m^2 - 1})$

最后，将 Tm、sm 的具体数值代入式（2-6），就得到了三相异步电动机电磁转矩的实用表达式。

[例 2-4] 一台三相异步电动机的额定数据为 $P_N = 7.5kW$，$f_N = 50Hz$，$n_N = 1440r/min$，$\lambda_m = 2.2$，求：（1）临界转差率 Tm、sm；（2）机械特性实用表达式。

解：（1）$T_N = 9550 \dfrac{P_N}{n_N} = 9550 \times \dfrac{7.5}{1440} = 49.74 N \cdot m$

$T_m = \lambda_m \times T_N = 2.2 \times 49.74 = 109.43 N \cdot m$

$s_m = s_N(\lambda_m + \sqrt{\lambda_m^2 - 1}) = 0.04 \times (2.2 + \sqrt{2.2^2 - 1}) = 0.1664$

（2）$T = \dfrac{2T_m}{\dfrac{s_m}{s} + \dfrac{s}{s_m}} = \dfrac{2 \times 109.43}{\dfrac{0.1664}{s} + \dfrac{s}{0.1664}} = \dfrac{218.86}{\dfrac{0.1664}{s} + \dfrac{s}{0.1664}}$

（4）起动转矩点

在图 2-18（a）、（b）上对应 D 点。电动机在接通电源起动的最初瞬间，$n=0$，$s=1$ 时的转矩称为起动转矩，用 T_{st} 表示。起动时，要求 T_{st} 大于负载转矩 T_L，此时电动机的工作点就会沿着 $n=f(T)$ 曲线上升，电磁转矩增大，转速 n 越来越快，很快越过最大转矩 T_m，然后随着 n 的增大，T 又逐渐减小，直到 $T=T_L$ 时，电动机以某一转速稳定运行。可见，只要 $T_{st}>T_L$，电动机一经起动，便迅速进入稳定区运行。

当 $T_{st}<T_L$ 时，则电动机无法起动，出现堵转现象，电动机的电流达到最大，造成电动机过热。此时应立即切断电源，减轻负载或排除故障后再重新起动。

异步电动机的起动能力常用起动转矩与额定转矩的比值 $\lambda_{st}=T_{st}/T_N$ 来表示。一般笼型电动机的起动能力 $\lambda_{st}=1.3\sim2.2$。

3. 固有机械特性与人为机械特性

图 2-18 所示的曲线是在额定电压、额定频率、转子绕组短接情况下的机械特性，称为固有机械特性。如果降低电压，改变频率或转子电路中串入附加电阻，就会使机械特性曲线的形状发生变化。这种改变了电动机参数后的机械特性称为人为机械特性。不同的人为机械特性提供了多种起动方法和调速方法，为灵活使用电动机提供了方便。

人为机械特性很多，如：
- 降低定子端电压的人为特性。
- 改变转子回路电阻的人为特性。
- 改变定转子回路电抗的人为特性。
- 改变极数后的人为特性。
- 改变输入频率的人为特性等。

下面重点研究降低定子端电压的人为特性和改变转子回路电阻的人为特性。

（1）降低定子端电压的人为特性

三相异步电动机的同步转速 n_1 与电压无关，而最大转矩与电压的平方成正比，因此，降压时的人为机械特性如图 2-19 所示。下面重点来观察一下 4 个点的变化情况。

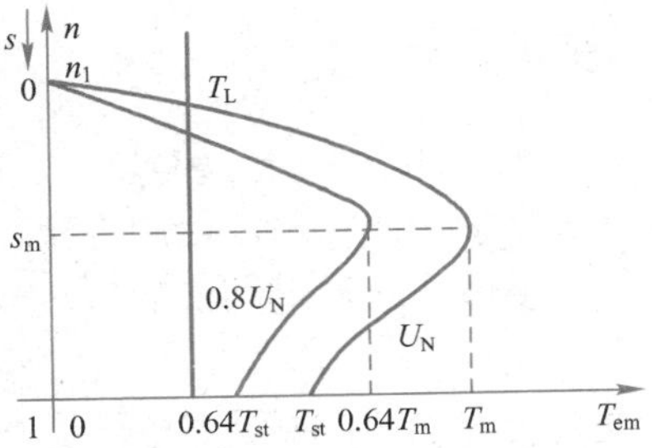

很明显，人为机械特性的同步点与固有机械特性的同步点重合。

T_m 与 U_1^2 成正比，s_m 与 U_1 无关。电源电压的降低将造成最大转矩的下降。

负载转矩一定时，电压越低，额定工作点的转速也越低，所以降低电压也能调节转速。降压调速的优点是电压调节方便，对于通风机型负载，其调速范围较大。因此，目前大多数的电风

图 2-19 三相异步电动机降压的人为机械特性

提 示

电动机的起动转矩、额定转矩、最大转矩均正比于电压的平方，因此降低电压，电动机的转矩随电压的下降而下降。

动画

三相异步电动机转子回路串电阻的T–S特性

扇都采用串电抗器或双向晶闸管降压调速。但其缺点是对于常见的恒转矩负载，调速范围很小，实用价值不大。

T_{st} 与 U_1^2 成正比，电压的下降同样造成了起动转矩的下降，因此不适合重载起动。

（2）改变转子回路电阻的人为特性

转子回路串入电阻是针对绕线型异步电动机的，笼型异步电动机由于工艺的限制，是不能在转子回路中串接电阻的。

提　示

转子回路串电阻仅适用于绕线型异步电动机。

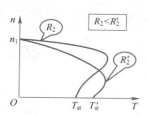

图 2-20　绕线型电动机转子回路串电阻的人为机械特性

绕线型异步电动机工作时，如果在转子回路中串入电阻，改变电阻的大小，就得到了区别于固有机械特性的人为机械特性。绕线型电动机转子回路串电阻的人为机械特性如图 2-20 所示。

同样我们来观察其 4 个点的变化情况。

人为机械特性的同步点与固有机械特性的同步点重合。

转子回路电阻的增加没有改变最大转矩 T_m 的大小，但最大转矩点对应的转速下降了，临界转差率 s_m 增加了。

负载转矩一定时，转子回路电阻的增加使机械特性变软，额定工作点下移，转速下降。转子回路串接的电阻越大，则转速越低。

因此转子回路串电阻能进行调速。其优缺点是：设备简单，成本低，但低速时机械特性软，转速不稳定，电能浪费多，电动机的效率低，轻载时调速效果差。主要用于恒转矩负载如起重运输设备中。

转子回路串电阻调速存在的问题，可以通过使用晶闸管串级调速系统来得到解决。原来在转子电阻中消耗的电能，先整流为直流电，再逆变为交流电送回电源。一方面可以节能，另一方面还能提高机械特性的硬度。

转子回路串电阻后，起动点的变化分以下两种情况：当人为机械特性的临界点落在第一象限，即 $s_m < 1$，T_{st} 随电阻的增大而增大；当人为机械特性的临界点落在第四象限，即 $s_m > 1$，T_{st} 随电阻的增大而减小。

任务实施

实训现场提供三相异步电动机的铭牌若干块，三相异步电动机的手册若干本，学生通过识读铭牌得到三相异步电动机的额定功率、额定转速；通过查找手册，取得电动机的过载能力，然后分组进行计算，得到电动机的实用表达式；通过计算，得到起动点、同步点、临界点、额定工作点的坐标；通过点绘的方法，画出三相异步电动机的 T–s 曲线、n–T 曲线。

技能考核

1. 考核任务

两位学生为一组，完成以上工作。

动画

单相触电

动画

两相触电

2. 考核要求及评分标准

（1）实验所用设备（见表 2-6）

表 2-6　实验所用设备一览表

序号	名称	数量	备注
1	三相异步电动机或三相异步电动机铭牌	25 台	
2	坐标纸	50 张	

（2）考核内容及评分标准（见表 2-7）

表 2-7　考核内容及评分标准

序号	考核内容	配分	评分标准
1	识读数据	10	识读数据正确 10 分
2	电磁转矩实用表达式	30	实用表达式正确 30 分
3	四个点的坐标	40	起动转矩点坐标正确 10 分 额定转矩工作点坐标正确 10 分 临界点坐标正确 10 分 同步点坐标正确 10 分
4	两条机械特性曲线	20	特性曲线要求清晰，正确，每条 10 分

练 习 题

1. 何谓三相异步电动机的固有机械特性和人为机械特性？

2. 三相异步电动机额定功率 7.5kW，频率为 50Hz，额定转速为 2890r/min，最大转矩 T_m 为 57N·m。求该电动机的过载能力 λ_m 和转差率 s_N。

3. 一台三相异步电动机的额定数据为 P_N=7.5kW，f_N=50Hz，n_N=1440r/min，λ_m=2.2，求：（1）临界转差率 s_m；（2）实用机械特性表达式；（3）电磁转矩为多大时电动机的转速为 1300r/min；（4）绘制出电动机的固有机械特性曲线。

4. 一台三相绕线转子异步电动机，P_N=75kW，n_N=720r/min，λ_m=2.4，求：
（1）临界转差率 s_m 和最大转矩 T_m；
（2）机械特性实用表达式；
（3）绘制固有机械特性曲线并标出起动点、同步点、最大转矩点。

参考答案
项目2任务2

任务 ③ 三相异步电动机的电力拖动

　　和直流电动机一样，三相异步电动机的电力拖动研究的也是起动、反转、调速、制动四大问题。三相异步电动机如何反转，我们前面已经讨论过了，本任务主要学习三相异步电动机的起动、调速和制动。

🎯 任务目标

　　（1）掌握三相异步电动机起动的方法。
　　（2）掌握三相异步电动机调速的方法。
　　（3）掌握三相异步电动机停车制动的方法。

✷ 任务引导

1. 三相异步电动机的起动

　　电动机的起动就是把电动机的定子绕组与电源接通，使电动机的转子由静止加速到以一定转速稳定运行的过程。

　　异步电动机在起动的最初瞬间，其转速 $n=0$，转差率 $s=1$，转子电流达到最大值，这时定子电流也达到最大值，约为额定电流的 4 ～ 7 倍。由三相异步电动机电磁转矩的物理表达式：$T=C_T \Phi I_2 \cos\varphi_2$ 的关系可知，笼型异步电动机的起动电流虽大，但由于起动时转子电路的功率因数很低，故起动转矩并不大。

　　电动机起动电流大，在输电线路上造成的电压降也大，可能会影响同一电网中其他负载的正常工作，例如，使其他电动机的转矩减小，转速降低，甚至造成堵转，或使日光灯熄灭等。电动机起动转矩小，则起动时间较长，或不能在满载情况下起动。由于异步电动机的起动电流大而起动转矩较小，故常采取一些措施来减小电动机的起动电流，增大起动转矩。

　　三相异步电动机如果满足公式（2-8），可以采用直接起动的方法，如图 2-21 所示。直接起动的优点是：设备简单，操作方便，起动时间短。只要电网的容量允许，应尽量采用直接起动方式。容量在 10kW 以下的三相异步电动机一般都采用直接起动方式

$$\frac{I_{st}}{I_N} \leqslant \frac{1}{4}\left[3+\frac{电源容量（kVA）}{电动机容量（kW）}\right] \quad (2-8)$$

　　如果不能满足公式（2-8），三相异步电动机在起动的时候，通常会采取其他一些起动方法。因为三相异步电动机按转子绕组的结构可以分为笼型电动机和绕线型电动机，所以介绍起动方法时，也分别按这两种电动机类型进行介绍。

　　（1）笼型三相异步电动机的起动方法

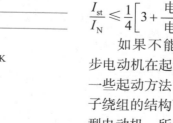

图 2-21　三相异步电动机的直接起动

📍 提　　示

三相异步电动机全压直接起动，电流很大，但转矩并不大。

　　如果笼型异步电动机的额定功率超出了允许直接起动的范围，通常采用降压起动。所谓降压起动，是借助起动设备将电源电压适当降低后加到定子绕组上进行起动，待电动机转速升高到接近稳定时，再使电压恢复到额定值，转入正常运行。

　　降压起动时，由于电压降低，电动机每极磁通量减小，故转子电动势、电流以及定子电流均减小，避免了电网电压的显著下降。但由于电磁转矩与定子电压的平方成正比，因此降压起动时的起动转矩将大大减小，一般只能在电动机空载或轻载的情况下起动，起动完毕后再加上机械负载。

　　目前常用的降压起动方法有以下三种：

　　① 定子串接电抗器起动。起动时电抗器串接于定子电路中，如图 2-22 所示，这样可以降低定子电压，限制起动电流。在转速接近额定值时，将电抗器短接，此时电动机就在额定电压下开始正常运行。

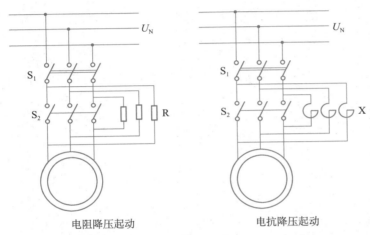

电阻降压起动　　　　　　电抗降压起动

图 2-22　三相异步电动机定子串电抗器起动

　　定子回路串电阻起动，也属于降压起动，但由于外接的电阻上有较大的有功功率损耗，所以对中、大型异步电动机而言这种起动方式是不经济的。

　　② Y／△起动。如果电动机正常工作时其定子绕组是三角形联结的，那么起动时为了减小起动电流，可将其接成星形联结，等电动机转速上升后，再恢复为三角形联结。

　　Y／△起动电路如图 2-23 所示，起动时先合上电源开关 S_1，同时将三刀双掷开关 S_2 扳到起动位置（Y），此时定子绕组接成Y形，各相绕组承受的电压为额定电压的 $1/\sqrt{3}$。待电动机转速接近稳定时，再把 S_2 迅速扳到运行位置（△），使定子绕组改为△接法，于是每相绕组加上额定电压，电动机进入正常运行。

　　通过推导，可以得出

起动电流关系：　　　　$I_{stY}/I_{st\triangle} = 1/3$　　　　　　　　（2-9）

起动转矩关系：　　　　$T_{stY}/T_{st\triangle} = 1/3$　　　　　　　　（2-10）

　　可见Y／△起动时的起动电流是△联结直接起动时起动电流的1/3。由于电磁转矩与定子绕组相电压的平方成正比，所以Y／△起动时的起动转矩也

视频
Y／△降压起动
的实际应用

💡 提　示

Y／△起动并不适用所有的三相异步电动机，仅适用于正常工作时，定子绕组三角形联结的电动机。

减小为直接起动时的 1/3。

Υ/△ 起动设备简单，工作可靠，但只适用于正常工作时作 △ 联结的电动机。为此，Υ 系列异步电动机额定功率在 4kW 及其以上的均设计成 △ 接法。

③ 自耦变压器降压起动。自耦变压器降压起动的电路如图 2-24 所示。三相自耦变压器接成星形，用一个六刀双掷转换开关 S₂ 来控制变压器接入或脱离电路。起动时把 S₂ 扳在起动位置，使三相交流电源接入自耦变压器的原边，而电动机的定子绕组则接到自耦变压器的副边，这时电动机得到的电压低于电源电压，因而减小了起动电流，待电动机转速升高后，把 S₂ 从起动位置迅速扳到运行位置，让定子绕组直接与电源相接，而自耦变压器则与电路脱开。

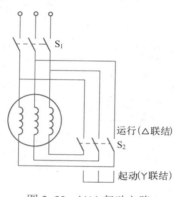 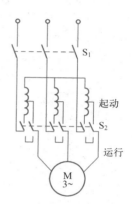

图 2-23　Υ/△ 起动电路　　　图 2-24　自耦变压器降压起动的电路

自耦变压器降压起动时，电动机定子电压为直接起动时的 $1/K$（K 为自耦变压器的变比），定子电流（即自耦变压器副边电流）也降为直接起动时的 $1/K$，而自耦变压器原边的电流则要降为直接起动时的 $1/K^2$；由于电磁转矩与外加电压的平方成正比，故起动转矩也降低为直接起动时的 $1/K^2$。

起动用的自耦变压器专用设备称为起动补偿器，它通常有两至三个抽头，输出不同的电压，例如，分别为电源电压的 80%、60% 和 40%，可供用户选用。自耦变压器降压起动的优点是起动电压可根据需要选择，使用灵活，可适用于不同的负载，但设备较笨重，成本高。

（2）绕线型三相异步电动机的起动方法

① 转子串电阻起动。笼型异步电动机的转子绕组是短接的，因此无法通过改变其参数来改善其起动性能。对于既要限制起动电流，又要重载起动的场合，可采用绕线型三相异步电动机，如图 2-25 所示。

绕线型异步电动机转子串电阻起动的电路如图 2-25 所示。起动时在转子电路中串入三相对称电阻，起动后，随着转速的上升，逐渐切除起动电阻，直到转子绕组短接。采用这种方法起动时，转子电路电阻增加，转子电流 I_2 减小，$\cos\varphi_2$ 提高，起动转矩反而会增大。这是一种比较理想的起动方法，既能减小起动电流，又能增大起动转矩，因此适合于重载起动的场合，例如，起重机械等。其缺点是绕线型异步电动机价格昂贵，起动设备较多，起动过程电能浪费多；电阻段数较少时，起动过程转矩波动大；而电阻段数较多时，控制线路复杂，所以一般只设计为 2 ~ 4 段。

② 转子串频敏变阻器起动。转子串电阻起动，在起动过程中，每切除一级电阻，电流、转矩都将发生突变，因此，起动过程不是非常平稳的。为了克服这种缺点，绕线型三相异步电动机可以采用转子回路串频敏变阻器的方法起动，如图 2-26 所示。

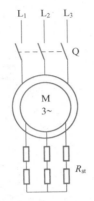

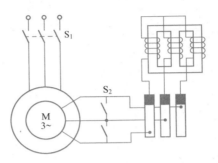

图 2-25 转子串电阻起动的电路 图 2-26 转子串频敏变阻器起动

频敏变阻器是其电阻和电抗都随频率发生变化的装置，外观很像一次绕组Y联结、没有二次绕组的三相心式变压器，如图 2-26 所示。其铁芯用较厚的钢片叠压而成，因此其铁芯损耗比普通的变压器大得多。起动时，由于转速等于 0，转子回路的频率很大，铁芯损耗很大，相当于在转子回路中串入了一个大电阻，因此起动电流小、起动转矩大。随着速度的增大，转子回路的频率逐步减小，铁芯损耗逐渐减小，相当于逐步切除转子回路的电阻。因此这种起动方法电动机起动较平稳。

2. 三相异步电动机的调速

调速是指在电动机负载不变的情况下，人为地改变电动机的转速。三相异步电动机的转速公式如下

$$n = n_1(1-s) = \frac{60 f_1}{p}(1-s) \tag{2-11}$$

异步电动机可以通过改变磁极对数 p（变极）、电源频率 f_1（变频）和转差率 s 三种方法来实现调速。

（1）变极调速

变极调速即改变磁极对数来实现调速，是指改变异步电动机定子绕组的接线，可以改变磁极对数，从而得到不同的转速。由于磁极对数 p 只能成倍地变化，所以这种调速方法不能实现无级调速。

三相异步电动机定子绕组变极的原理如图 2-27 所示。下面以单绕组双速电动机为例，对变极调速的原理进行分析，为简便起见，图中将一个线圈组集中起来用一个线圈代表。单绕组双速电动机的定子每相绕组由两个相等

PPT
三相异步电动机的调速

微课
三相异步电动机的调速

圈数的"半绕组"组成。图 2-27（a）中两个"半绕组"顺串，其电流方向相同；图 2-27（b）中两个"半绕组"反串，其电流方向相反；图 2-27（c）中两个"半绕组"反并，其电流方向也相反。图 2-27（a）中 $2p=4$，图 2-27（b）、图 2-27（c）中 $2p=2$。

由此可见，改变极对数的关键在于使每相定子绕组中一半绕组内的电流改变方向，即改变半相绕组的电流方向，使极对数减少一半，从而使转速上升一倍，这就是变极调速的原理。

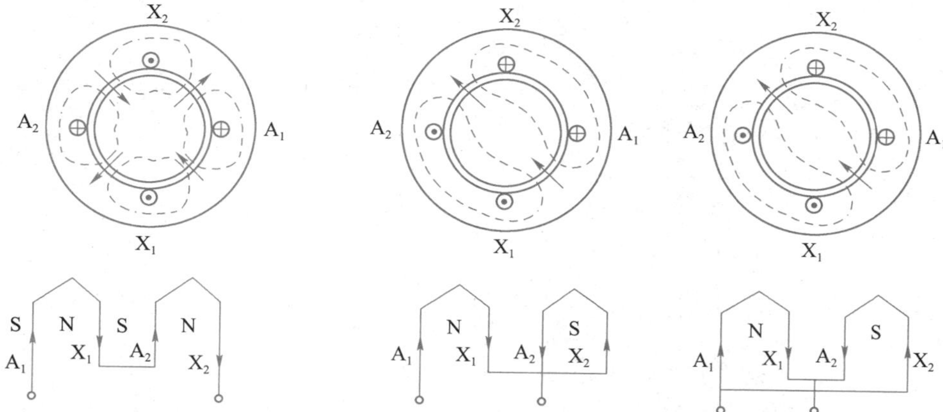

(a) 两个"半绕组"顺串　　(b) 两个"半绕组"反串　　(c) 两个"半绕组"反并

图 2-27　三相异步电动机定子绕组变极的原理

若在定子上装两套独立绕组，各自具有所需的极对数，两套独立绕组中每套又可以有不同的连接。这样就可以分别得到双速、三速或四速等电动机，通称为多速电动机。

多速电动机中典型的变极方法有两种：一种是Y/YY，如图 2-28（a）所示，即每相绕组由串联改成并联，则极对数减少了一半，故转速增大了一倍。另一种是△/YY，如图 2-28（b）所示，将定子绕组由△改接成YY时，极对数也减少了一半，转速也增大了一倍。国产 YD 系列双速电动机所采用的变极方法是△/YY接法，允许输出的功率近似不变，属恒功率调速方式。

另外，由于极对数的改变，不仅使转速发生了改变，而且三相定子绕组排列的相序也改变了。假设高速运转时三相绕组空间位置为 $0 \rightarrow 120° \rightarrow 240°$，那么低速时极对数增加一倍，三相绕组空间位置变成了 $0 \rightarrow 240° \rightarrow 480°$（$120°$）。为了使变极前后电动机维持原来的转向不变，就必须在变极的同时，改变三相绕组接线的相序，如图 2-28 所示，将 B 和 C 相对调一下，这是设计变极调速电动机控制线路时应注意的一个问题。

多速电动机起动时宜先接成低速运转，然后再换接为高速运转，这样可获得较大的起动转矩。

（2）变频调速

由于三相异步电动机的同步转速 n_1 与电源频率 f 成正比，因此，改变三相异步电动机的电源频率，可以实现平滑的调速。在进行变频调速时，为了保证电动机的电磁转矩不变，就要保证电动机内旋转磁场的磁通量不变。异步电动机与变压器类似，$U_1 \approx E_1 = 4.44 f_1 N_1 \Phi \, \Phi$，为了改变频率 f_1 的同时，而保持磁通 Φ 不变，必须同时改变电源电压 U_1，使比值 U_1/f_1 保持不变。但若从额定频率往上升，由于绝缘等级和技术上的问题，电压只能保持额定电压不变。

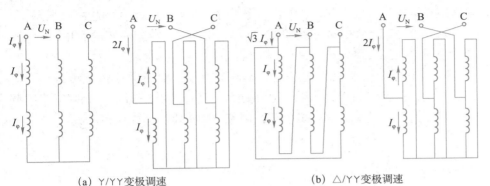

(a) Y/YY 变极调速　　　　　　(b) △/YY 变极调速

图 2-28　常见三相异步电动机变极调速方法

变频调速的机械特性如图 2-29 所示。在额定频率以下，电压与频率成正比地减小，Φ 基本不变，属恒转矩调速方式，在额定频率以上，频率升高电压不变，Φ 减小，属恒功率调速方式。

进行变频调速时，需要一套专用的变频设备，如图 2-30 所示，它是一种变频装置，由整流器和逆变器组成。整流器先将 50Hz 的交流电变换为直流电，再由逆变器变换为频率可调且比值 U_1/f_1 保持不变的三相交流电，供给笼型异步电动机，

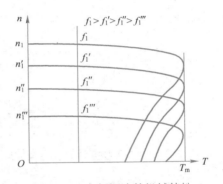

图 2-29　变频调速的机械特性

连续改变电源频率可以实现大范围的无级调速，而且电动机机械特性的硬度基本不变，这是一种比较理想的调速方法，近年来发展很快，正得到越来越多的应用。

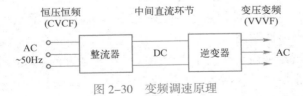

图 2-30　变频调速原理

（3）变转差率调速

变转差率调速是在不改变同步转速 n_1 的条件下进行调速的。

①绕线型异步电动机转子串电阻调速。绕线型异步电动机工作时，如果在转子回路中串入电阻，改变电阻的大小，即可调速。转子串电阻调速的机械特性如图 2-31 所示。设负载转矩为 T_L，当转子电路的电阻为 R_a 时，电动

机稳定运行在 a 点，转速为 na；若 T_L 不变，转子电路电阻增大为 Rb，则电动机机械特性变软，工作点由 a 点移至 b 点，于是转速降低为 nb，转子电路串接的电阻越大，则转速越低。

②降低电源电压调速。三相异步电动机的同步转速 n_1 与电压无关，而最大转矩与电压的平方成正比，因此，降压时的人为机械特性如图 2-32 所示。

从图 2-32 所示机械特性曲线可以看出，负载转矩一定时，电压越低，转速也越低，所以降低电压也能调节转速。

降低电源电压调速的优点是电压调节方便，对于通风机型负载，调速范围较大。因此，目前大多数的电风扇都采用串电抗器或双向晶闸管降压调速。缺点是对于常见的恒转矩负载，调速范围很小，实用价值不大。

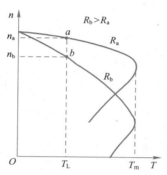

图 2-31　转子串电阻调速的机械特性

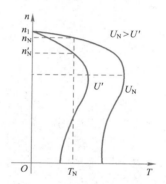

图 2-32　降低电源电压调速时的机械特性

3. 三相异步电动机的制动

制动就是刹车。当电动机断电后，由于电动机及生产机械存在惯性，要经过一段时间才能停转。为了提高生产效率及安全性，必须对电动机进行制动。

制动的方法有机械制动和电气制动两类。

机械制动通常利用电磁抱闸制动器来实现。电动机起动时，电磁抱闸线圈同时通电，电磁铁吸合，使抱闸松开；电动机断电时，抱闸线圈同时断电，电磁铁释放，在弹簧作用下，抱闸把电动机转子紧紧抱住，实现制动。起重机常用这种方法制动。

电气制动就是在电动机转子中产生一个与转动方向相反的电磁转矩，使电动机迅速停止转动。常用的电气制动方法有以下几种。

（1）能耗制动

三相异步电动机能耗制动如图 2-33 所示，在切断三相电源的同时给定子绕组通入直流电，在定子与转子之间形成一个固定的磁场，由于转子在惯性作用下按原方向转动，而切割固定磁场，产生一个与转子旋转方向相反的电磁转矩，使电动机迅速停转。停转后，转子与磁场相对静止，制动转矩随之消失。

PPT
三相异步电动机的制动

微课
三相异步电动机的制动

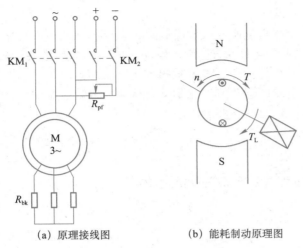

（a）原理接线图　　　（b）能耗制动原理图

图 2-33　三相异步电动机能耗制动

这种制动方法是把转子的动能转换为电能，在转子电路中热能被迅速消耗掉，故称为能耗制动。其优点是制动能量消耗小，制动平稳，虽然要采用直流电源，但随着电子技术的迅速发展，很容易通过整流交流电获得直流电。这种制动一般用于要求迅速平稳停车的场合。

（2）反接制动

反接制动的方法是在电动机脱离电源后，把电动机与电源连接的三根导线中的任意两根对调一下，再接入电动机，此时旋转磁场反转，而转子由于惯性仍沿原方向转动，因而产生的电磁转矩方向与电动机转动方向相反，电动机因制动转矩的作用而迅速停转，如图 2-34 所示。当转速接近于零时，利用控制电器将三相电源及时切断，否则电动机将反转。

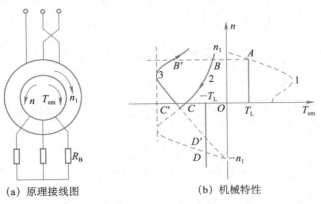

（a）原理接线图　　　（b）机械特性

图 2-34　三相异步电动机反接制动

反接制动的优点是制动电路比较简单，制动转矩较大，停机迅速，但制动瞬间电流较大，消耗也较大，机械冲击强烈，易损坏传动部件。为了减小制动电流，常在三相制动电路中串入电阻或电抗器。这种制动一般用于要求迅速反转的场合。

PPT
三相异步电动机
的运行与反转

实验操作视频
三相异步电动机
的运行与反转

（3）回馈制动

回馈制动又称再生制动或发电制动，主要用在起重设备中。例如，当起重机放下重物时，因重力的作用，电动机的转速 n 超过旋转磁场的转速 n_1，电动机转入发电运行状态，将重物的位能转换为电能，再回送到电网，所以称该制动方式为回馈制动或发电制动。从节能的观点看问题，反向回馈制动下放重物比能耗制动下放重物要好。

任务实施

1. 三相笼型异步电动机直接起动实验

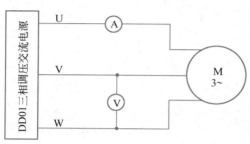

图 2-35　三相笼型异步电动机直接起动

① 按图 2-35 所示接线。被测三相笼型异步电动机选用 DJ16 型号，电动机定子绕组采用△接法，电动机空载运行。

② 把交流调压器退到零位，开启电源总开关，按下"开"按钮，接通三相交流电源。

③ 调节调压器，使输出电压达到电动机额定电压 220V，使电动机起动旋转，如电动机旋转方向不符合要求需调整相序时，必须按下"关"按钮，切断三相交流电源。

④ 按下"关"按钮，断开三相交流电源，待电动机停止旋转后。按下"开"按钮，接通三相交流电源，使电动机全压起动，观察并记录电动机起动瞬间电流值（按指针式电流表偏转的最大位置所对应的读数值定性计量）。

2. 三相笼型异步电动机星形—三角形（Y—△）起动

① 按图 2-36 所示接线。线接好后把调压器退到零位。

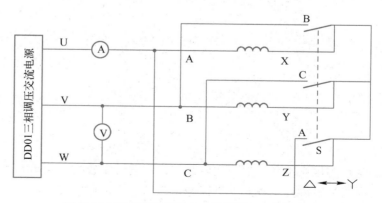

图 2-36　三相笼型异步电动机星形—三角形起动

② 三刀双掷开关合向右边（Y接法）。合上电源开关，逐渐调节调压器使电压升至电动机的额定电压 220V，打开电源开关，待电动机停转。

③ 合上电源开关，观察电动机起动瞬间电流，然后把 S 合向左边，使电动机（△）正常运行，整个起动过程结束。观察并记录起动瞬间电流表的显示值，并与其他起动方法作定性比较。

3. 三相笼型异步电动机自耦变压器起动

① 按图 2-37 所示接线。电动机定子绕组采用△接法。

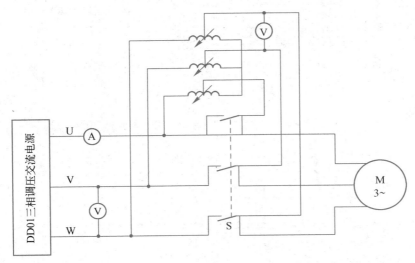

动画
三相异步电动机保护接地

动画
三相异步电动机保护接零

实验操作视频
三相异步电动机的空载

图 2-37 三相笼型异步电动机自耦变压器法起动

② 三相调压器退到零位，开关 S 合向左边。自耦变压器选用 D43 挂箱。

③ 合上电源开关，调节调压器使输出电压达到电动机额定电压 220V，分别使自耦变压器抽头输出电压为电源电压的 40%、60% 和 80%，断开电源开关，待电动机停转。

④ 开关 S 合向右边，合上电源开关，使电动机由自耦变压器降压起动，经一定时间再把 S 合向左边，使电动机按额定电压正常运行，整个起动过程结束。观察起动瞬间电流，并与其他起动方法作定性的比较。

4. 三相线绕型异步电动机转子绕组串入可变电阻器起动

① 按图 2-38 所示接线。被测三相线绕型异步电动机选用 DJ17 型号，电动机定子绕组采用 Y 接法，电动机空载运行。转子每相串入的电阻用 DJ17-1 起动与调速电阻箱。

② 接通交流电源，调节输出电压（观察电动机转向应符合要求），在定子线电压为 180V 时，转子绕组分别串入不同电阻值，读取定子起动瞬间电流。数据记录在表 2-8 中。

5. 线绕型异步电动机转子绕组串入可变电阻器调速

① 实验线路图如图 2-38 所示，按图接线。

② 合上电源开关，电动机空载起动，调节调压器的输出电压为电动机额定电压 220V，转子附加电阻调至零。

③ 保持电动机额定电压为220V，改变转子附加电阻（每相附加电阻分别为0Ω、2Ω、5Ω、15Ω），观察电动机转速变化的情况。

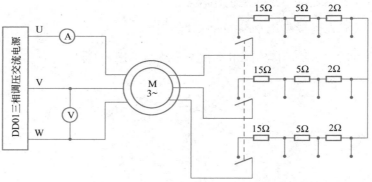

图 2-38　三相线绕型异步电动机转子绕组串入可变电阻器起动

表 2-8　三相异步电动机串电阻起动情况记录表

r_{st}/Ω	0	2	5	15
I_{st}/A				

技能考核

1. 考核任务

每3～4位学生为一组，完成以上实验。

2. 考核要求及评分标准

（1）实验所用设备（见表2-9）

表 2-9　实验所用设备一览表

序号	名称	数量	备注
1	三相笼型异步电动机	1件	
2	三相线绕型异步电动机	1件	
3	交流电流表	1件	
4	交流电压表	1件	
5	三相可调电抗器（自耦变压器）	1件	
6	波形测试及开关板	1件	
7	起动与调速电阻箱	1件	

（2）考核内容及评分标准（见表2-10）

表 2-10　考核内容及评分标准

序号	考核内容	配分	评分标准
1	三相笼型异步电动机直接起动	20	线路连接正确 10 分 实验操作正确 10 分
2	三相笼型异步电动机星形—三角形（Y—△）起动	20	线路连接正确 10 分 实验操作正确 10 分
3	三相笼型异步电动机自耦变压器起动	20	线路连接正确 10 分 实验操作正确 10 分
4	三相线绕型异步电动机转子绕组串入可变电阻器起动	20	线路连接正确 10 分 实验操作正确 10 分
5	线绕型异步电动机转子绕组串入可变电阻器调速	20	实验操作正确 10 分 数据合理正确 10 分

1．比较异步电动机不同起动方法的优缺点。

2．简述线绕型异步电动机转子绕组串入电阻对起动电流和起动转矩的影响。

3．简述在线绕型异步电动机转子绕组中串入电阻对电动机转速的影响。

4．起动电流和外施电压成正比，起动转矩和外施电压的平方成正比在什么情况下才能成立？

5．笼型异步电动机全压起动时，为何起动电流大，而起动转矩不是很大？

6．变极调速时，改变定子绕组的接线方式有不同，但其共同点是什么？

7．为什么变极调速时需要同时改变电源相序？

8．在电梯电动机变极调速和车床切削电动机的变极调速中，定子绕组应采用什么样的改接方法？为什么？

9．某三相异步电动机的额定数据如下：$P_N=300kW$，$U_N=380V$，$I_N=572A$，$n_N=1450r/min$，起动电流倍数为 7，起动转矩倍数 $K_M=1.8$，过载能力 $\lambda_m=2.5$，定子采用 △ 联结。试求：

①全压起动电流 I_{st} 和起动转矩 T_{st}。

②如果采用Y—△起动，起动电流降为多少？能带动 1250N·m 的负载起动吗？为什么？

10．三相异步电动机的电磁转矩与电源电压大小有何关系？若电源电压下降 20%，电动机的最大转矩和起动转矩将变为多大？

参考答案
项目2任务3

任务 ④ 三相异步电动机的电气检查

　　三相异步电动机在整机装配完毕，通常需要对电动机进行检查。检查包含机械检查和电气检查。机械检查较简单，通常包含：观察外观是否完整，除接线盒之外有无裸露线圈及线头；慢慢转动转子，转子能否顺畅转动，如不能，需检查轴承和端盖是否安装过紧等。电气检查项目较多，本任务主要学习电气检查的方法，要求学会进行测试。

⊙ 任务目标

（1）能测量三相异步电动机的直流电阻值。
（2）会检查三相异步电动机的绝缘性能。
（3）能进行三相异步电动机耐压和短路实验。
（4）能进行三相异步电动机的空载实验，会计算励磁参数。

✺ 任务引导及实施

1. 直流电阻的测定

　　测量的目的是检验定子绕组在装配过程中是否造成线头断裂、松动、绝缘不良等现象。具体方法是测三相绕组的直流电阻是否平衡，要求误差不超过平均值的4%。根据电动机功率大小，绕组的直流电阻可分为高电阻（10Ω以上）和低电阻。高电阻用万用表测量；低电阻用精度较高的电桥测量，应测量三次，取其平均值。

2. 异步电动机的绝缘性能检查

　　使用兆欧表检查电动机绝缘性能，如图2-39所示，绝缘性能包含两个方面，一是相间绝缘，二是对地绝缘。两个绝缘性能的检测都需要用到兆欧表。

图2-39　使用兆欧表检查电动机绝缘性能

在测量相间绝缘时，将兆欧表的两个接线柱分别连接到三相线圈中的任意两相上（取一个接线头即可）然后摇动摇把，进行测量。如三相之间两两不导通，则相间绝缘良好。

在测量对地绝缘性能时，将兆欧表的一个接线柱连接到三相线圈中的任意一相的一个线头上，另一个接线柱连接到机座，然后摇动摇把，进行测量。如三相与机座之间绝缘电阻都比较高，则对地绝缘良好。

检测完毕确定没有故障后，将三相绕组接为星形联结，通电试车，观察电动机的运行状况。

3. 耐压实验

实验的目的是检验电动机的绝缘情况和嵌线质量，方法是：在绕组与机座及绕组各相之间施加 500V 的交流电压，历时 1min 而无击穿现象的则为合格。在实验时，必须注意安全，防止触电事故发生。

4. 短路实验

在定子线圈两端通过调压器加 70 ~ 95V 短路电压，此时，定子电流达到额定值的为合格。实验时要求在转子不转的情况下进行。电压通过调压器从零逐渐增大到规定值。

如果定子电流达到额定值，而短路电压过高，则表示匝数过多、漏抗太大，反之则表示匝数太少、漏抗太小。

5. 空载实验

在定子绕组上施加额定电压，使电动机不带负载运行，如图 2-40 所示。

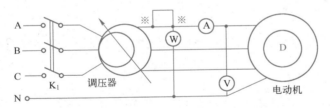

图 2-40　三相异步电动机空载实验线路图

三相异步电动机的空载实验方法如下：

（1）按实验线路（见图 2-40）接线。

（2）将调压器的输出电压调至零位，合开关 K_1。

（3）逐渐升高调压器的输出电压，同时观察机组的转向是否与机座上所标方向一致，起动异步电动机，并使机组在电动机的额定电压下空载运行数分钟，待机械摩擦稳定后再进行实验。

注意： 为保护电流表，在起动电动机前应先将电流表短接，起动完毕，再接入电流表。

（4）改变电动机的外施电压由 $1.2U_N$ 逐渐降低，直到定子电流开始回升为止，每次记录空载电压 U_0、空载电流 I_0、空载功率 P_0 于表 2-11 中。

注意： 在 U_N 附近多测几点；功率表的读数代表电动机一相的损耗，三相异步电机空载损耗应该乘以 3 再填入表 2-11 中。

表2-11 空载实验数据

U_0/V						
I_0/A						
P_0/W						

（5）实验数据处理。

① 由空载实验数据作空载特性曲线I_0、$P_0=f(U_0)$，如图2-41、图2-42所示。

② 励磁参数的计算。

• 求励磁电抗X_m：

$$x_m = \frac{U_{0\Phi}}{I_{0\Phi}} \ (\Omega)$$

式中$U_{0\Phi}$、$I_{0\Phi}$是$U_0 = U_{0\Phi}$时的空载相电压、相电流。

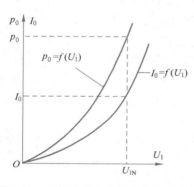

图2-41 三相异步电动机空载特性曲线

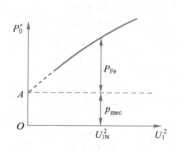

图2-42 铁耗、机械损耗分离示意图

• 求励磁电阻r_m。

确定铁耗：作出$P_0' = f(U_1^2)$曲线，如图2-42所示，延长曲线交纵轴于A点，A点的纵坐标即为机械损耗p_{mec}，过A点作虚线平行于横轴，即可得相应于不同电压值的铁耗P_{Fe}

$$P_{Fe} = P_0 - 3I_{0\Phi}^2 r_1 - p_{mec} \ (\text{W})$$

其中P_0为异步电动机的空载损耗。

r_1为异步电动机定子每相绕组75℃时的直流电阻，其值可以从机组相应的实验桌上抄得。

然后可根据公式$r_m = \dfrac{P_{Fe}}{3I_0^2}$（$\Omega$）求得励磁电阻。

式中，P_{Fe}为$U = U_N$时的铁耗。

$I_{0\Phi}$为$U = U_N$时的空载相电流。

技能考核

1. 考核任务

学生两人一组在 90min 内完成三相异步电动机性能测试，记录实验数据，计算相关参数。

2. 考核要求及评分标准

（1）实验所用设备器材及工具（见表 2-12）

表 2-12 实验所用设备器材及工具

设备、器材	异步电动机、兆欧表、万用表、交流电表、调压器
工具	一字、十字起子

（2）操作程序（完成工作任务的过程）

① 检查三相异步电动机绝缘（使用故障电机）。

② 做三相异步电动机空载实验（使用实验机组）。

（3）技术要求

① 正确检查三相异步电动机线路，能根据测量现象判断故障并修复。

② 能正确检测三相异步电动机绝缘，能找出故障原因并修复。

③ 正确完成空载实验，准确记录数据。

（4）评价标准（见表 2-13）

表 2-13 三相异步电动机性能检查评价标准

序号	评价内容	配分	评分标准
1	检查三相异步电动机线路	30	能判断故障现象 10 分，未判断出一处扣 3 分 能根据现象判断故障原因 能修复故障 20 分，判断出错一处扣 2 分
2	检查三相异步电动机绝缘	30	能判断故障现象 10 分，未判断出一处扣 3 分 能根据现象判断故障原因 能修复故障 20 分，判断出错一处扣 2 分
3	三相异步电动机空载实验	40	线路连接正确 10 分 实验操作正确 10 分 数据记录精确 10 分 正确分析数据得出结论 10 分

拓展知识

三相异步电动机使用过程中一旦发生故障，有可能造成三相绕组 6 个端子（见图 2-43）首尾端无法识别，若连线不正确将使电动机无法正常工作，因此在安装接线盒之前，需要先判断三相异步电动机首尾端（或称为同极性端）。

图 2-43　三相异步电动机的绕组端子

　　具体做法如下：第一步，先用万用表电阻挡分别找出三相绕组同一相的两个出线端，并相应做好标记；第二步，判断首尾端，具体方法有三种，即直流法、交流法和剩磁法。

　　（1）直流法

　　给各相绕组假设编号为 U1、U2、V1、V2 和 W1、W2。

　　按图 2-44（a）所示接线，观察万用表指针摆动情况。

　　合上开关瞬间若指针正偏，则表明电池正极的线头与万用表负极（黑表棒）所接的线头同为首端或尾端；若指针反偏，则表明电池正极的线头与万用表正极（红表棒）所接的线头同为首端或尾端；再将电池和开关接另一相的两个线头，进行测试，就可正确判断各相的首尾端。

　　（2）交流法

　　给各相绕组假设编号为 U1、U2、V1、V2 和 W1、W2，按图 2-44（b）所示接线，接通电源。若灯灭，则表明两个绕组相连接的线头同为首端或尾端；若灯亮，则该线头不是同为首端或尾端。

　　（3）剩磁法

　　假设异步电动机存在剩磁。给各相绕组假设编号为 U1、U2、V1、V2 和 W1、W2，按图 2-44（c）所示接线，并转动电动机转子，若万用表指针不动，则表明首尾端假设的编号是正确的；若万用表指针摆动则说明其中一相首尾端假设的编号不对，应逐相对调重测，直至正确为止（注意：若万用表指针不动，还得证明电动机是否存在剩磁，具体方法是改变接线，使线头编号接反，转动转子后若指针仍不动，则说明没有剩磁，若指针摆动则表明有剩磁）。1

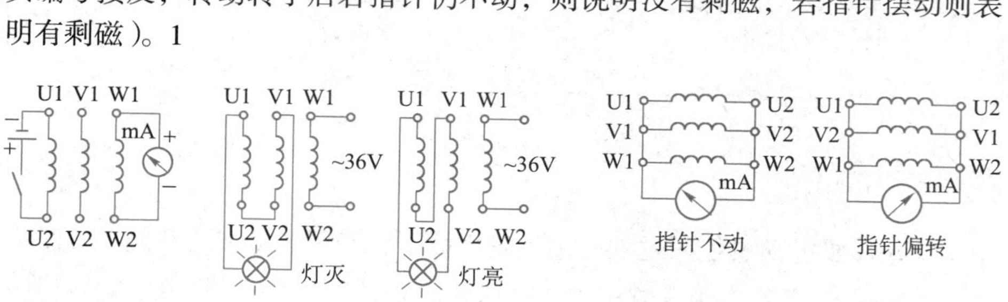

（a）直流法　　　　　　（b）交流法　　　　　　　　　　（c）剩磁法

图 2-44　三相异步电动机定子绕组判别

练 习 题

1．三相异步电动机的绝缘性能检查时主要检查什么内容？该怎么检查？

2．三相异步电动机定子绕组的判别可以采用怎样的方法？

3．三相异步电动机做空载实验，应该在高压侧接线还是低压侧接线？为什么？

4．三相异步电动机空载损耗主要包含哪几部分？怎样从空载损耗中分离出铁耗？

参考答案
项目2任务4

思考与练习

一、填空题

1．三相异步电动机的定子由＿＿＿＿、＿＿＿＿、＿＿＿＿三部分组成。

2．某 4 极 50Hz 的电动机，其三相定子磁场的转速为＿＿＿＿，若额定转差率为 0.04，则额定转速为＿＿＿＿。

3．三相异步电动机按转子绕组的结构可以分为：＿＿＿＿、＿＿＿＿两大类。

4．三相旋转磁势的转速与＿＿＿＿成正比，与＿＿＿＿成反比。

5．异步电动机转差率范围是＿＿＿＿。

参考答案
项目2思考
与练习

二、判断题

1．（　　）异步电动机的转子绕组必须是闭合短路的。

2．（　　）异步电动机工作时转子的转速总是小于同步转速。

3．（　　）异步电动机的功率因数总是滞后的。

4．（　　）所有的三相异步电动机都可以采用Y接法。

5．（　　）运行中的三相异步电动机一相断线后，会因失去转矩而渐渐停下来。

6．（　　）在绕线型三相异步电动机转子回路中所串电阻越大，其起动转矩越大。

7．（　　）三相异步电动机可在转子回路开路后继续运行。

8．（　　）电源电压的改变不仅会引起异步电动机最大电磁转矩的改变，还会引起临界转差率的改变。

9．（　　）三相异步电动机固有机械特性只有一条，而人为机械特性有无数条。

10．（　　）绕线型三相异步电动机应用于拖动重载和频繁起动的生产机械。

三、选择题

1. 绕线型异步电动机，定子绕组通入三相交流电流，旋转磁场正转，转子绕组开路，此时电动机会（　　　）。

    A．正向旋转　　B．反向旋转　　C．不会旋转　　D．以上选项都不对

2. 一台三相异步电动机，其 $1<s<\infty$，此时该电机处于（　　　）状态。

    A．发电机　　　B．电动机　　　C．电磁制动　　D．以上选项都不对

3. 改变三相异步电动机转子旋转方向的方法是（　　　）。

    A．改变三相异步电动机的接法

    B．改变定子绕组电流相序

    C．改变电源电压

    D．改变电源频率

4. 一台三相四极的异步电动机，当电源频率为 50Hz 时，它的旋转磁场的转速应为（　　　）。

    A．750r/min　　B．1000r/min　　C．1500r/min　　D．3000r/min

5. 三相异步电动机空载时气隙磁通的大小主要取决于（　　　）。

    A．电源电压　　　　　　　　　B．气隙大小

    C．定子、转子铁芯材质　　　　D．定子绕组的漏阻抗

6. U_N、I_N、η_N、$\cos\varphi_N$ 分别是三相异步电动机额定线电压，线电流、效率和功率因数，则三相异步电动机额定功率 P_N 为（　　　）。

    A．$\sqrt{3}\,U_N I_N \eta_N \cos\varphi_N$　　　　　　B．$\sqrt{3}\,U_N I_N \cos\varphi_N$

    C．$\sqrt{3}\,U_N I_N$　　　　　　　　　　D．$\sqrt{3}\,U_N I_N \eta_N$

7. 三相异步电动机的气隙圆周上形成的磁场为＿＿＿＿＿，直流电动机气隙磁场为＿＿＿＿，变压器磁场为＿＿＿＿。（　　　）

    A．恒定磁场、脉振磁场、旋转磁场

    B．旋转磁场、恒定磁场、旋转磁场

    C．旋转磁场、恒定磁场、脉振磁场

    D．以上选项都不对

项目 3

>> 变压器的性能测试、同名端、联结组判定

变压器是一种静止的电气设备，它利用电磁感应原理，将一种电压等级的交流电变为同频率的另一种电压等级的交流电，以满足高压输电、低压供电及其他用途（如电子技术、测量技术、焊接技术等）的需要。变压器的使用非常广泛，与人们的生产生活密切相关，但它的最主要用途还是在电力系统中。

导学
变压器

任务 1 单相变压器的性能测试

变压器按相数分，可以分为单相变压器和三相变压器。单相变压器使用单相交流电源，其容量一般都比较小，主要用作控制及特殊场所的照明。

延伸阅读
中国特高压
输电从跟跑
到领跑

任务目标

（1）掌握变压器的结构和工作原理。
（2）能进行变压器的空载、短路实验。
（3）会计算变压器的变比和空载、短路参数。

任务引导

PPT
变压器的结
构与分类

1. 变压器的基本结构和分类

变压器的结构很简单，主要由绕组和铁芯组成；变压器的种类很多，可以从不同角度对变压器进行分类。

（1）变压器的作用与用途

变压器的基本作用是在交流电路中变电压、变电流、变阻抗、变相位和电气隔离。

图片
变压器

实际工作中，常常需要各种不同的电源电压。例如，我们日常使用的交流电的电压为220V；三相电动机的线电压则为380V；而发电厂发出的电压一般为 6 ~ 10kV；在电能输送过程中，为了减小线路损耗，通常要将电压升高到 110 ~ 500kV。所以，在输电和用电的过程中都需要经变压器升高或降低电压。因此变压器是电力系统中的关键设备，其容量远大于发电机。图 3-1 是电力系统电压升降示意图。

微课
变压器的结
构与分类

除了电力系统的变压器外，电气技术人员做实验时，要用调压变压器；电解、电镀行业需要使用变压器来产生低压大电流；焊接金属器件时常常要采用交流电焊机；在广播扩音电路中，为了使音箱扬声器得到最大功率，可用变压器实现阻抗匹配；为了测量高电压和大电流要用到电压互感器和电流互感器。有的电气设备为了使用安全要用变压器进行电气隔离；人们平时常用的小型稳压电源和充电器中也包含着变压器。

（2）变压器的分类

变压器种类繁多，分类方法多种多样。

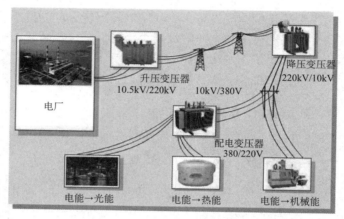

图 3-1　电力系统电压升降示意图

根据用途不同可分为电力变压器和特种变压器。另外还有整流变压器、电焊机用变压器。

根据绕组数目可分为自耦变压器、双绕组变压器、三绕组变压器和多绕组变压器。

按照冷却介质不同可分为油浸式变压器、干式变压器和充气式变压器。各种常见变压器如图 3-2 所示。

（a）油浸式变压器　　（b）干式变压器　　（c）整流变压器　　（d）电焊机用变压器

图 3-2　各种常见变压器

（3）变压器的基本结构

变压器最主要的组成部分是铁芯和绕组，称之为器身。此外还包括油箱和其他附件，图 3-3 所示为变压器结构示意图及图形文字符号。

① 铁芯。铁芯是变压器的磁路部分。为了减小铁芯内部的损耗（包括涡流损耗和磁滞损耗），铁芯一般用 0.35mm 厚的冷轧硅钢片叠成，常见的叠片方式如图 3-4 所示；铁芯也是变压器器身的骨架，它由铁芯柱、磁轭和夹紧

视频
变压器的结构

动画
变压器的磁通及磁路

提　示

变压器的组成主要是铁芯和绕组，另外还有一些附件。

装置组成。套装绕组的部分叫铁芯柱。连接铁芯柱形成闭合磁路的部分叫磁轭。夹紧装置则把铁芯柱和磁轭连成一个整体。

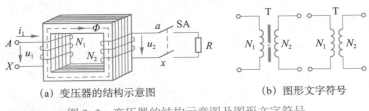

(a) 变压器的结构示意图　　　　　　(b) 图形文字符号

图 3-3　变压器的结构示意图及图形文字符号

提　示

为了降低损耗，变压器的铁芯通常采用交错叠片的方式。

(a) E字型　　　　(b) F字型　　　　(c) C字型

图 3-4　变压器铁芯片常见的叠片方式

变压器的铁芯有心式和壳式两类。

绕组包围着铁芯的变压器叫心式变压器，如图 3-5 所示。这类变压器的铁芯结构简单，绕组套装和绝缘比较方便，绕组散热条件好，所以广泛应用于容量较大的电力变压器中。

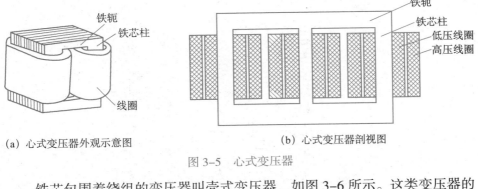

(a) 心式变压器外观示意图　　　　　　(b) 心式变压器剖视图

图 3-5　心式变压器

铁芯包围着绕组的变压器叫壳式变压器，如图 3-6 所示。这类变压器的机械强度好，铁芯易散热，因此小型电源变压器大多采用壳式结构。

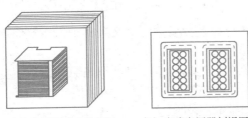

(a) 壳式变压器外观示意图　　(b) 壳式变压器剖视图

图 3-6　壳式变压器

② 绕组。绕组是变压器的电路部分。它由漆包线或绝缘的扁铜线绕制而成，有同心式和交叠式两种。同心式绕组将高、低压绕组套在同一铁芯柱的内外层，如图 3-7 所示。同心式绕组结构简单，绝缘和散热性能好，所以在电力变压器中得到广泛采用。

（a）同心式绕组剖视图　　　　　　　　（b）同心式绕组外观示意图

图 3-7　同心式绕组

思考：同心式绕组的变压器为什么通常是低压绕组在里面高压绕组在外面？

交叠式绕组的高、低压绕组是沿轴向交叠放置的，如图 3-8 所示。交叠式绕组的引线比较方便，机械强度好，易构成多条并联支路，因此常用于大电流变压器中，例如，电炉变压器、电焊变压器。

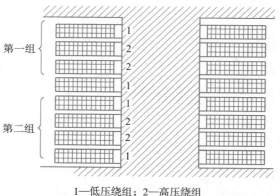

1—低压绕组；2—高压绕组

图 3-8　交叠式绕组

思考：交叠式绕组的变压器为什么通常把低压绕组而不是高压绕组紧挨着变压器的铁芯呢？

变压器中与电源相连的绕组叫一次绕组、原绕组、原边或初级绕组，与负载相连的绕组叫二次绕组、副绕组、副边或次级绕组。

③ 附件。变压器的附件很多，如图 3-9 所示。

油箱既是油浸式变压器的外壳，又是变压器油的容器，还是冷却装置。变压器的器身放在油箱内，变压器油的作用是冷却与绝缘。较大容量的变压

动画
气体继电器的工作原理

仿真视频
变压器有载分接开关工作原理

器一般还有储油柜、安全气道、气体继电器、吸湿器、油标等附件。

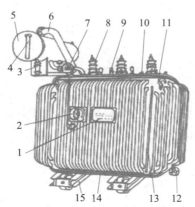

1—铭牌；2—信号式温度计；3—吸湿器；4—油标；5—储油柜；6—安全气道；7—气体继电器；
8—高压套管；9—低压套管；10—分接开关；11—油箱；12—放油阀门；13—器身；14—接地板；
15—小车

图 3-9　变压器的附件

（4）变压器的铭牌与额定值

铭牌是装在设备、仪器等外壳上的金属标牌，上面标有名称、产品型号、额定容量、额定电压、出厂日期、制造厂等字样，是用户安全、经济、合理使用变压器的依据。变压器及其铭牌示例如图 3-10 所示。变压器铭牌上的数据主要有以下几种。

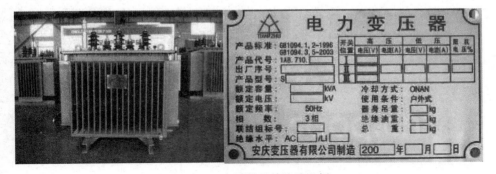

图 3-10　变压器及其铭牌示例

① 型号。表示变压器的结构特点、额定容量和高压侧的电压等级。例如，S—100/10 表示三相油浸自冷铜绕组变压器，额定容量为 100kVA，高压侧电压等级为 10kV。

② 额定电压 U_{1N}/U_{2N}。单位为 V 或 kV，U_{1N} 是指变压器正常工作时加在原绕组上的电压；U_{2N} 是原绕组加 U_{1N} 时，副绕组的开路电压，即 U_{20}。在三相变压器中，额定电压是指线电压。

③ 额定电流 I_{1N}/I_{2N}。单位为 A，I_{1N}/I_{2N} 是指变压器原、副绕组连续运行所允许通过的电流。在三相变压器中，额定电流是指线电流。

④ 额定容量 S_N。单位为 VA 或 kVA。S_N 是指变压器额定的视在功率，即设计功率，通常叫容量。在三相变压器中，S_N 是指三相总容量。额定容

视频
世界顶尖企业变压器制造全过程

量 S_N、额定电压 U_{1N}/U_{2N}、额定电流 I_{1N}/I_{2N} 三者之间的关系如式（3-1）、式（3-2）。

单相变压器 $$S_N = U_{1N}I_{1N} = U_{2N}I_{2N} \tag{3-1}$$

三相变压器 $$S_N = \sqrt{3}U_{1N}I_{1N} = \sqrt{3}U_{2N}I_{2N} \tag{3-2}$$

除了额定电压、额定电流和额定功率外，变压器铭牌上还标有额定频率 f_N、效率 η、温升、短路电压标么值、联结组别、相数等。

[例3-1] 有一台单相变压器，额定容量 $S_N = 100\text{kVA}$，额定电压 $U_{1N}/U_{2N} = 10/0.4\text{kV}$，求额定运行时原、副绕组中的电流。

解：
$$I_{1N} = \frac{S_N}{U_{1N}} = \frac{100}{10} = 10\text{A}$$

$$I_{2N} = \frac{S_N}{U_{2N}} = \frac{100}{0.4} = 250\text{A}$$

2. 变压器的工作原理

变压器的简单工作原理如图 3-11 所示。变压器的输入端加上交流电压 u_1 后，原绕组中便有交流电流 i_1 流过。这个交变电流 i_1 在铁芯中产生交变磁通 Φ，其频率与电源电压的频率一样。由于原、副绕组套在同一铁芯柱上，Φ 同时穿过两个绕组，根据电磁感应定律，在原绕组中产生自感电动势 E1，副绕组中产生互感电动势 E_2。其大小分别正比于原、副绕组的匝数。副绕组中有了电动势 E_2，便在输出端形成电压 u_2，接上负载后，产生副边电流 i_2，向负载供电，实现了电能的传递。只要改变原、副绕组的匝数，就可以改变变压器原、副绕组中感应电动势的大小，从而达到改变电压的目的。

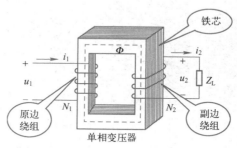

图 3-11　变压器的简单工作原理

变压器工作时，内部存在电压、电流、磁通以及感应电动势等多个物理量。分析计算时，首先要规定它们的正方向，依照电工惯例，同一支路中应选择电压、电动势与电流的参考方向一致；磁通的方向与产生它的电流方向符合右手定则；感应电动势的方向与产生它的磁通方向符合右手定则，如图 3-11 所示。

（1）变压器变电压的原理

实际变压器的工作情况是比较复杂的，为了简单起见，忽略原、副绕组中的电阻、漏磁通和铁芯中的功率损耗。

按图 3-11 所示参考方向，根据电磁感应定律，主磁通 Φ 在原绕组中的

PPT
变压器的工作原理

微课
变压器的工作原理

动画
变压器的工作原理

延伸阅读
"电压等级"与辩证思维

感应电动势为

$$e_1 = -N_1 \frac{\mathrm{d}\Phi}{\mathrm{d}t}$$

设 $\Phi = \Phi_\mathrm{m} \sin \omega t$，代入上式计算得

$$e_1 = -\omega N_1 \Phi_\mathrm{m} \cos \omega t$$
$$= 2\pi f N_1 \Phi_\mathrm{m} \sin(\omega t - 90°)$$
$$= E_{1\mathrm{m}} \sin(\omega t - 90°)$$

在上式中，$E_{1\mathrm{m}} = 2\pi f N_1 \Phi_\mathrm{m}$ 是电动势的最大值，其有效值 E_1 为

$$E_1 = \frac{1}{\sqrt{2}} 2\pi f N_1 \Phi_\mathrm{m} = 4.44 f N_1 \Phi_\mathrm{m} \tag{3-3}$$

由于原、副绕组中通过同一磁通，因此副绕组感应电动势为

$$E_2 = 4.44 f N_2 \Phi_\mathrm{m} \tag{3-4}$$

由此可得原边电动势 E_1 与副边电动势 E_2 之比，即

$$\frac{E_1}{E_2} = \frac{N_1}{N_2} = K \tag{3-5}$$

仿真文件
变压器的作用

式（3-5）中 K 称为变压器的变比，即变压器原、副绕组的匝数比。忽略了原、副绕组中的漏阻抗后，电压与电动势在数值上大致相等，即

$$U_1 \approx E_1 = 4.44 f N_1 \Phi_\mathrm{m} \tag{3-6}$$

所以式（3-5）近似地反映了变压器输入、输出的电压关系。综合式（3-5）、式（3-6），可以得出下式

$$\frac{U_1}{U_2} \approx \frac{E_1}{E_2} = \frac{N_1}{N_2} = K \tag{3-7}$$

上式表明，变压器原、副边的电压之比约等于匝数之比。当 $K>1$ 时，$U_1>U_2$，变压器起降压作用；当 $K<1$ 时，$U_1<U_2$，变压器起升压作用。变压器通过改变原、副绕组的匝数之比，就可以很方便地改变输出电压的大小。

由于 $U_1 \approx E_1 = 4.44 f N_1 \Phi_\mathrm{m}$，因此在使用变压器时必须注意：$U_1$ 过高，f 过低，N_1 过少，都会引起 Φ_m 过大，使变压器中用来产生磁通的励磁电流（即空载电流 I_0）大大增加而烧坏变压器。

同理，所有用于交流电路中的带铁芯线圈的电气设备都要注意这个问题，例如，交流电动机、电磁铁、继电器、电抗器等，都必须注意其额定电压应与电源电压相符合，千万不要过电压运行。从美国、日本进口的电气设备要注意工作频率是 60Hz 还是 50Hz，60Hz 的电气设备用于 50Hz 的电网时，只能减小容量运行，不能满负荷工作。修理电机、变压器等电气设备的绕组时，必须保证线圈的匝数，偷工减料会影响其质量和寿命，甚至在短时间内烧坏。

（2）变压器变电流的原理

变压器的原边绕组接到电源上，副边接上负载后，在 E_2 的作用下，副绕组中就会有负载电流流过。由于变压器的效率很高，忽略了各种损耗后，根据能量守恒定律，变压器输入、输出的视在功率基本相等。即

视频
变压器工作
原理和电能
的输送

$$U_1 I_1 \approx U_2 I_2$$

$$\frac{I_1}{I_2} \approx \frac{U_2}{U_1} \approx \frac{1}{K} = \frac{N_2}{N_1} \qquad (3\text{-}8)$$

式（3-8）表明，变压器在改变电压的同时，电流也随之成反比例地变化，且原、副边电流之比等于匝数之反比。

（3）变压器变阻抗的原理

变压器不仅能够改变电压和电流，还可以改变阻抗值的大小。其原理电路如图 3-12 所示，其中 Z_L 为负载阻抗，其端电压为 U_2，流过的电流为 I_2，变压器的变比为 K，则

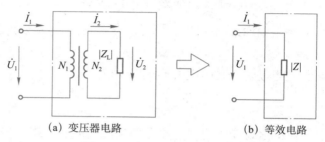

（a）变压器电路　　　　　　（b）等效电路

图 3-12　变压器变阻抗的原理

$$Z_L = \frac{U_2}{I_2}$$

变压器原边绕组中的电压和电流分别为

$$U_1 = KU_2 \qquad I_1 = \frac{I_2}{K}$$

从变压器输入端看，等效的输入阻抗 Z 为

$$|Z| = \frac{U_1}{I_1} = K^2 \frac{U_2}{I_2} = K^2 |Z_L| \qquad (3\text{-}9)$$

式（3-9）表明负载阻抗 Z_L 反映到电源侧的等效输入阻抗 Z，其值扩大到 K^2 倍。因此只需改变变压器的变比 K，就可把负载阻抗变换为所需数值。

变压器改变阻抗的作用在电子技术中经常被用到。例如，在扩音机设备中，如果把喇叭直接接到扩音机上，由于喇叭的阻抗很小，扩音机电源发出的功率大部分消耗在本身的内阻抗上，喇叭获得的功率很小而声音微弱。理论推导和实验测试都可以证明：负载阻抗等于扩音机电源内阻抗时，可在负载上得到最大的输出功率。所以喇叭的阻抗经变压器变换后，使之等于扩音机的内阻抗，就可在喇叭上获得最大的输出功率。因此，在大多数的扩音机设备与喇叭之间都接有一个变阻抗的变压器，通常称之为线间变压器。

如何选择适当的变比呢？若负载阻抗 Z_L 及所要求的阻抗 Z 已知时，可根据式（3-9）求得变压器的变比，即：$K = \sqrt{\dfrac{|Z|}{|Z_L|}}$。

[例 3-2] 某收音机输出变压器的原边匝数 N1=600，副边匝数 N2=30，原来接有阻抗为 16Ω 的扬声器，现在要改装成阻抗为 4Ω 的扬声器，求副

边匝数改为多少?

解:

原来的变比: $K = \dfrac{N_1}{N_2} = \dfrac{600}{30} = 20$

原来的等效阻抗: $|Z| = K^2 |Z_L| = 20^2 \times 16 = 6400\,\Omega$

改成 $4\,\Omega$ 后的变比: $K' = \sqrt{\dfrac{|Z|}{|Z_L|}} = \sqrt{\dfrac{6400}{4}} = 40$

改成 $4\,\Omega$ 后副边的匝数: $N_2 = \dfrac{N_1}{K'} = \dfrac{600}{40} = 15$

任务实施1

1. 实验步骤

(1) 测变比

按图 3-13 所示接线，然后按如下步骤进行测试。

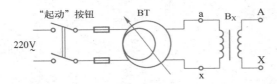

图 3-13　单相变压器的变比测试

① 按下 "起动" 按钮，将变压器低压线圈的外施电压调至 50% 额定电压左右。

② 测量低压线圈电压 U_{ax} 及高压线圈电压 U_{AX}，并记录于表 3-1。

表 3-1　变压器变比的测定

U_{ax}/V	U_{AX}/V

(2) 空载实验

按图 3-14 所示接线，然后按如下步骤进行测试。

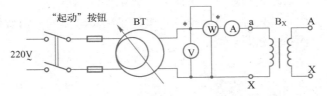

图 3-14　单相变压器的空载性能测试

① 将实验桌上的调压器的输出电压调至最小位置，以免电流表和瓦特表被 "起动" 按钮合上时的冲击电流所损坏，按下 "起动" 按钮。

实验操作视频
变压器变比的
测定

实验操作视频
变压器高低压
侧判定

② 调节变压器低压线圈的外加电压至 $1.2U_N$，然后逐次降压，直到 $0.5U_N$ 为止，每次测量空载电压 U_0、电流 I_0 及输入功率 P_0，并记录于表 3-2 中。

表 3-2 变压器空载性能参数

U_0/V						
I_0/mA						
P_0/W						

2. 实验报告

（1）计算变化

根据测变比实验所得的数据，计算变比 K。

（2）根据空载测得的数据作空载特性曲线和计算励磁参数

① 作空载特性曲线。

根据公式 $I_0=f(U_0)$，$P_0=f(U_0)$，绘制空载特性曲线。

② 计算励磁参数。

由公式 $Z'_m = \dfrac{U_0}{I_0} = \dfrac{U_N}{I_0}$，$r'_m = \dfrac{P_0}{I_0^2}$，$X'_m = \sqrt{Z'^2_m - r'^2_m}$ 计算励磁参数。

因为空载实验在二次侧进行，折合到原边，则公式变为

$$Z_m = K^2 Z'_m, \quad r_m = K^2 r'_m, \quad X_m = K^2 X'_m$$

任务实施2

1. 步骤

（1）先做变压器的变比判定实验。

（2）然后做变压器的空载实验。

2. 注意事项

（1）通过变压器的变比实验，判定变压器的高、低压侧。

（2）空载实验在变压器的低压侧接线。

（3）测量空载性能参数时，电压一定要单方向调节。

（4）计算励磁参数时，一定要使用电压是额定电压的一组数据。

（5）通电时要注意安全。

技能考核

1. 考核任务

每两位学生为一组，在 90min 内做完变压器的变比实验、空载实验，并

计算相关参数。

2. 考核要求及评分标准

（1）实验所用设备器材及工具（见表 3-3）

表 3-3　实验所用设备器材及工具

设备、器材	变压器、万用表、交流电表、调压器
工具	一字起子、十字起子

（2）评分标准（考核内容及评分标准见表 3-4）

表 3-4　考核内容及评分标准

序号	考核内容	配分	评分标准
1	变压器的变比实验	40	线路连接正确 10 分 实验操作正确 10 分 数据记录精确 10 分 正确分析数据得出结论 10 分
2	变压器的空载实验	60	线路连接正确 10 分 实验操作正确 10 分 数据记录精确 10 分 正确分析数据得出结论 30 分

微课
变压器的性能
测试

PPT
变压器的性能
测试

延伸阅读

输电运检新
技术

🔍　知识拓展

专门用于测量目的的变压器称为仪用互感器，简称互感器。使用互感器可以使测量仪表与高电压或大电流电路隔离，保证仪表和人身的安全；还可扩大仪表的量程，便于仪表的标准化。因此在交流电压、电流和电能的测量中，以及各种保护和控制电路中，互感器的应用是相当广泛的。根据用途，互感器可以分为电压互感器和电流互感器两种，如图 3-15 所示。它们在线路中的使用示例如图 3-16 所示。

下面分别介绍电压互感器、电流互感器的工作原理和使用注意事项。

📍　提　示

电压互感器、电流互感器通常用来检测高电压、大电流。

（a）电流互感器

（b）电压互感器

图 3-15　仪用互感器

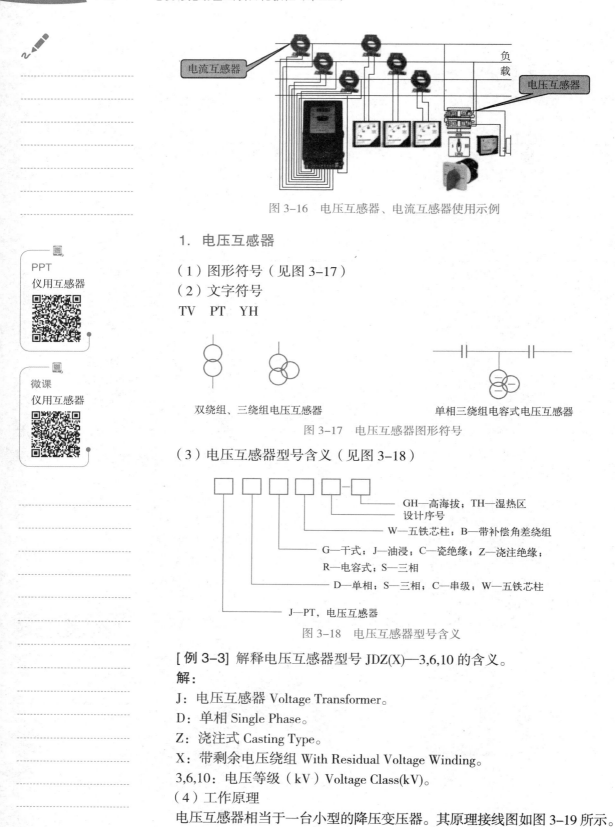

图 3-16　电压互感器、电流互感器使用示例

1. 电压互感器

（1）图形符号（见图 3-17）

（2）文字符号

TV　PT　YH

双绕组、三绕组电压互感器　　　　单相三绕组电容式电压互感器

图 3-17　电压互感器图形符号

（3）电压互感器型号含义（见图 3-18）

GH—高海拔；TH—湿热区
设计序号
W—五铁芯柱；B—带补偿角差绕组
G—干式；J—油浸；C—瓷绝缘；Z—浇注绝缘；
R—电容式；S—三相
D—单相；S—三相；C—串级；W—五铁芯柱
J—PT，电压互感器

图 3-18　电压互感器型号含义

[例 3-3] 解释电压互感器型号 JDZ(X)—3,6,10 的含义。

解：

J：电压互感器 Voltage Transformer。

D：单相 Single Phase。

Z：浇注式 Casting Type。

X：带剩余电压绕组 With Residual Voltage Winding。

3,6,10：电压等级（kV）Voltage Class(kV)。

（4）工作原理

电压互感器相当于一台小型的降压变压器。其原理接线图如图 3-19 所示。

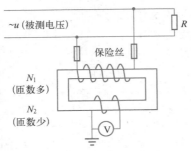

图 3-19　电压互感器原理接线图

若原绕组匝数为 N_1，副绕组匝数为 N_2，则有

$$\frac{U_1}{U_2} \approx \frac{N_1}{N_2} = K_U \qquad (3-10)$$

K_U 称为电压互感器的电压变比，因为 $N_1 \gg N_2$，所以 $K_U \gg 1$。

式（3-10）说明，电压互感器利用原、副边不同的匝数比，可将线路上的高电压变为低电压来测量。

一般电压互感器副边的额定电压为 100V，电压变比的范围 $K_U=1 \sim 5000$。这样，一个 100V 的电压表最大的测量范围可到 500000V。

（5）使用注意事项

使用电压互感器时，必须注意下列事项，如图 3-20 所示。

① 副边不许短路，否则会烧坏电压互感器。

> **提　示**
>
> 使用电压互感器时其一次绕组一定要与被测电路并联。

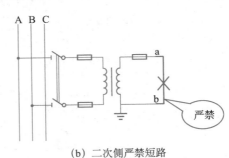

(a) 二次侧接地　　　　　　(b) 二次侧严禁短路

图 3-20　电压互感器使用注意事项示意图

② 铁芯和副边绕组的一端必须可靠接地。

2. 电流互感器

（1）图形符号（见图 3-21）

电流互感器一般符号　　　单次级绕组电流互感器　　　电流互感器

图 3-21　电流互感器的图形符号

（2）文字符号

TA　CT　LH

（3）电流互感器型号含义（见图 3-22）

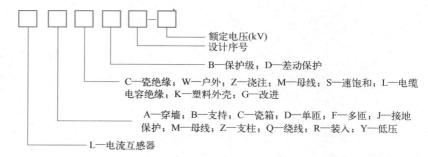

　　额定电压（kV）
　　设计序号
　　B—保护级；D—差动保护
　　C—瓷绝缘；W—户外；Z—浇注；M—母线；S—速饱和；L—电缆
　　电容绝缘；K—塑料外壳；G—改进
　　A—穿墙；B—支持；C—瓷箱；D—单匝；F—多匝；J—接地
　　保护；M—母线；Z—支柱；Q—绕线；R—装入；Y—低压
　　L—电流互感器

图 3-22　电流互感器型号含义

[**例 3-4**] 解释电流互感器型号 LZZJ-10 的含义。

解：

L：电流互感器（Current Transformer）。

Z：支柱式（Post Type）。

Z：浇注式（Casting Type）。

J：加强型（Reinforced Type）。

10：额定电压（kV）（Highest Voltage For Equipment(kV)）。

（4）工作原理

　　测量高压线路中的电流或测量大电流时，通常采用电流互感器。电流互感器原绕组的匝数很少，只有一匝或几匝，它串联在被测电路中，流过被测电流，如图 3-23 所示。

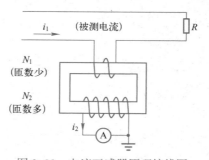

图 3-23　电流互感器原理接线图

　　由于电流互感器的负载是仪器仪表的电流线圈，这些线圈的阻抗都很小，所以电流互感器相当于一台小型升压短路运行的变压器。将副绕组的匝数 N_2 与原绕组的匝数 N_1 之比称为电流互感器的电流变比 K_i，则有

$$\frac{I_1}{I_2} \approx \frac{N_2}{N_1} = K_i \qquad\qquad (3-11)$$

$$I_1 = I_2 \times K_i$$

　　式（3-11）表明，电流互感器利用原、副边不同的匝数关系，可将线路上的大电流变为小电流来测量。即知道了电流表的读数 I_2，乘以 K_i 就是被测电流 I_1。K_i 称为电流比。

　　一般电流互感器副边的额定电流为 5A，电流比的范围 $K_i=1 \sim 5000$，这样，一个 **5A** 的电流表最大的测量范围可到 **25000A**。

（5）使用注意事项

使用电流互感器时，必须注意下列事项，如图 3-24 所示。

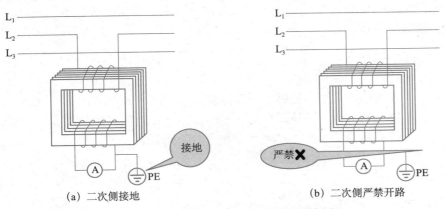

(a) 二次侧接地　　　　　　　　(b) 二次侧严禁开路

图 3-24　电流互感器使用注意事项示意图

① 副边不许开路，否则副边会产生高压，对操作人员和绕组绝缘构成危险；原边绕组中电流产生的磁场，会造成磁路过饱和，引起铁芯过热。

② 铁芯和副绕组的一端必须可靠接地。

电工常用的钳形电流表实际上就是电流互感器与电流表的组合。

1．变压器铁芯的作用是什么？为什么要用 0.35mm 厚、表面涂有绝缘漆的硅钢片叠成？

2．变压器一次绕组若接在直流电源上，二次绕组会有稳定的直流电压吗？为什么？

3．变压器二次额定电压是怎样定义的？

4．一台 380/220V 的单相变压器，如不慎将 380V 加在低压绕组上，会产生什么现象？

5．为什么要把变压器的磁通分成主磁通和漏磁通，它们有哪些区别？并指出空载和负载时产生各磁通的磁动势？

6．一台频率为 60Hz 的变压器接在 50Hz 的电源上运行，其他条件都不变，问主磁通、空载电流、铁损耗和漏抗有何变化？为什么？

7．变压器空载运行时，是否要从电网中取得功率？取得的功率起什么作用？为什么小负荷的用户使用大容量变压器无论对电网还是对用户都不利？

8．有一台单相变压器，S_N=50kVA，U_{1N}/U_{2N}=10500V/230V，试求变压器的变比，一次、二次绕组的额定电流。

9．有一台 S_N=5000kVA，U_{1N}/U_{2N}=10/6.3kV，Y，d 联结的三相变压器，试求：

（1）变压器的额定电压和额定电流。

（2）变压器一次、二次绕组的额定电压和额定电流。

参考答案
项目3任务1

任务 2 变压器同名端的判定

有时为了某种需要，将变压器的绕组相连（串联或并联）使用，或者变压器的输入与输出需要同相位或反相位。这些都必须清楚各绕组的极性，才能正确地进行连接。

任务目标

（1）能熟悉判定变压器高、低压侧绕组。
（2）能熟悉进行变压器同名端判定的线路连接，正确使用仪表。
（3）能够根据实验数据正确判定变压器的同名端。

任务引导

PPT
变压器的同名端

微课
变压器的同名端

同极性端又称同名端。变压器铁芯中的交变主磁通，在一次侧、二次侧绕组中产生的感应电动势也是交变的，并没有固定的极性。这里所讲的变压器线圈的极性是指一次侧、二次侧两线圈的相对极性，即在每瞬间，一次侧线圈的某一端电位为正时，二次侧线圈也一定在同一瞬时有一个为正的对应端，我们把这两个对应端称为变压器的同名端，或者同极性端，通常用"※"或"●"来表示。

如何判定同名端呢？

当某一瞬间，电流从绕组的某一端流入（或流出）时，若两个绕组的磁通在磁路中的方向一致，则这两个绕组的电流流入（或流出）端就是同名端。

同名端的判定方法通常有三种：观察法、直流法和交流法。

1. 观察法

观察变压器一次侧、二次侧绕组的实际绕向，应用楞次定律、安培定则来进行判别。例如：变压器一次侧、二次侧绕组的实际绕向如图 3-25 所示，当合上电源开关 S 的一瞬间，一次绕组电流 I_1 产生 Φ_1，在一次侧产生感应电动势 E_1，在二次侧产生互感电动势 E_2 和感应电流 I_2，用楞次定律可以确定 E_1、E_2 和 I_1 的实际方向，同时可以确定 U_1、U_2 的实际方向。这样就可以判别出一次侧绕组 A 端与二次侧绕组 a 端电位都为正，即 A、a 是同名端，同理，一次侧绕组 X 端与二次侧绕组 x 端电位也是同名端。

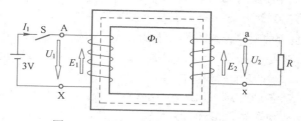

图 3-25 观察法判定变压器的同名端

2. 直流法

在无法辨清绕组方向时，可以用直流法来判别变压器同名端。用 1.5V 或 3V 的直流电源，按图 3-26 所示连接，直流电源接入高压绕组，直流毫伏表接入低压绕组。当合上开关 S 的一瞬间，如毫伏表指针向正方向偏转，则接直流电源正极的端子与接直流毫伏表正极的端子为同名端，如图 3-26（a）所示，A 与 a 为同名端，X 与 x 为同名端；实际操作时，记住口诀"右黑正"，如图 3-26（b）所示。

若直流电压表指针反偏，说明高压绕组和低压绕组中产生的感应电动势方向相反，因此接直流电源正极的端子与接直流毫伏表负极的端子为同名端。

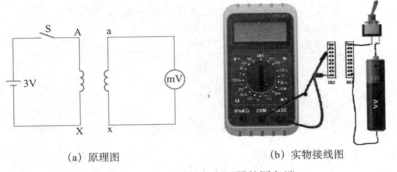

（a）原理图　　　　　　　　（b）实物接线图

图 3-26　直流法判定变压器的同名端

3. 交流法

交流法判定变压器的同名端，如图 3-27 所示，在变压器一侧接入电源，然后按下述步骤进行操作：

（1）把变压器两个线圈的任意两端连接起来，如图 3-27 所示，把 X 与 x 两端连接起来。

（2）在变压器一侧的绕组上加上一个低电压。

（3）合上电源开关，依次测量三个电压值，U_{AX}、U_{Aa}、U_{ax}，如图 3-27 所示；

若 $U_{Aa} = \left| U_{AX} - U_{ax} \right|$，则 A 与 a 为同名端。

若 $U_{Aa} = \left| U_{AX} + U_{ax} \right|$，则 A 与 a 为异名端。

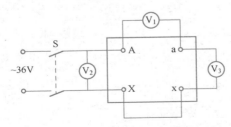

图 3-27　交流法判定变压器的同名端

PPT
交流法判定变压器的同名端

实验操作视频
交流法判定变压器的同名端

任务实施

1. 步骤

（1）先用万用表判定一次侧、二次侧每个绕组的两个出线头。

（2）按照交流电压法判别变压器的同名端方法进行线路的连接，根据被测电压选择电压表的量程，读出电压表实测电压读数。

（3）根据读数判定一次侧、二次侧绕组的同名端。

2. 注意事项

（1）电源应接在高压侧端，即一次绕组上。

（2）电源电压可以选择 380V 或 220V，但电压表量程要在对应位置上。

（3）通电时要注意安全。

技能考核

1. 考核任务

两个同学为一组，在规定时间内完成测量任务。

2. 考核要求及评分标准

（1）设备器材及仪表

实验所用器材、仪表如表 3-5 所示。

表 3-5　实验所用器材、仪表一览表

设备、器材	一次侧电压 380V；二次侧电压 127V、24V；容量 100~150VA 的变压器，出线端未有电压标记；单相开启负荷开关一只
仪表	交流电压表两块

（2）考核要求及评分标准

考核要求及评分标准如表 3-6 所示。

表 3-6　考核要求及评分标准一览表

序号	考核内容	配分	评分标准
1	一次、二次侧绕组的判定	10 分	一次、二次侧绕组判定错一组扣 5 分
2	同名端判定线路连接	40 分	线路连接共两次，错一次扣 20 分
3	同名端结果判定	30 分	判定结果错扣 30 分
3	仪表的正确使用	10 分	电压量程选择错扣 10 分，其他错误扣 5 分
4	安全、文明生产	10 分	
备注	各项考核内容的最高扣分不得超过本项配分		

练习题

参考答案
项目3任务2

1. 什么是变压器的同名端？怎样判定变压器的同名端？
2. 怎样判定变压器的同一相绕组的两个端子？
3. 判定变压器的同名端通常有几种方法？
4. 如何使用直流法判定变压器的同名端？
5. 如何使用交流法判定变压器的同名端？
6. 变压器的同名端如果接错，会有什么后果？

任务 ③　三相变压器的联结组判定

三相变压器多用于电力系统中，容量一般都较大。目前电力系统均采用三相制，因而三相变压器的应用极为广泛。本任务主要学习变压器的联结组判定。

任务目标

（1）能熟练掌握变压器的磁路系统。
（2）能正确识读变压器的电路。
（3）能够进行变压器的联结组判定。

任务引导

三相变压器可由三台同容量的单相变压器组成，称为三相变压器组。但大部分三相变压器采用三相共用一个铁芯的三相心式变压器，简称三相变压器。

1. 三相变压器的磁路系统

三相变压器的磁路系统与单相变压器完全一样，3 个相分别是 3 个单相变压器，仅仅在电路上互相连接，三相磁路互相完全独立。各相主磁通有各自的铁芯磁路，互不影响，如图 3-28 所示。

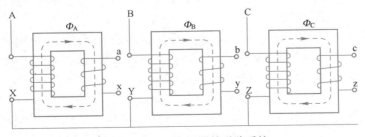

图 3-28　三相变压器的磁路系统

而三相心式变压器的磁路是互相联系的，如图 3-29 所示。

三相心式变压器是由 3 个独立的磁路演变而来的。如果把 3 个单相心式变压器的铁芯放在一起，如图 3-29（a）所示，在对称运行时，三相主磁通是对称的，其磁通相量和等于零，即

$$\dot{\Phi}_A + \dot{\Phi}_B + \dot{\Phi}_C = 0 \qquad\qquad (3-11)$$

因此，图 3-29（a）中的公共铁芯柱中的磁通等于零，可以把它去掉，简化成如图 3-29（b）所示的铁芯。实际制造时，通常把三相铁芯柱布置在同一平面上，如图 3-29（c）所示。这样三相磁路之间就有相互联系了，每相磁路都以其他两相的铁芯柱作为闭合回路。三相磁路是不完全对称的，中间一相的磁路磁阻比其他两相要小一点，相应的空载电流也小一些，带负载能力大一点。因此三相变压器在实际使用过程中，三相负载分配不均匀时，将较大的这一部分负载接在中间这一相电路中。

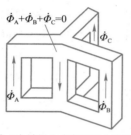 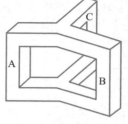 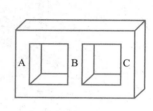

（a）3 个单相心式变压器共铁芯　　（b）省去公共铁芯柱　　（c）三相铁芯柱在同一平面上

图 3-29　三相心式变压器的磁路系统

2. 三相变压器的电路系统—联结组

三相变压器原、副绕组有多种不同的接法，导致了原、副边对应的电动势之间有不同的相位差。按照原、副绕组对应相电动势的相位关系把变压器绕组的连接种类分成各种不同的组合，称为联结组。它是变压器并联运行必不可少的条件之一，也是变压器改变相位的基本原理。对于三相变压器，无论怎么连接，原、副绕组对应相电动势的相位差总是 30° 的整数倍。因此，国际上规定了变压器的联结组采用"时钟序数表示法"表示，即用原边相电动势的相量作为分针，并且始终指向"12"，用副边对应的线电动势相量作为时针，它所指的钟点数就是变压器联结组别的标号。单相变压器的联结组是三相变压器联结组的基础，所以下面先介绍单相变压器的联结组。

（1）单相变压器的联结组

为了正确连接及使用变压器，原、副绕组的出线端分别标记为 A、X 和 a、x。在分析单相变压器的联结组时，首先规定原、副绕组电动势的正方向都是从首端指向末端，如图 3-30 所示。

当原、副绕组的同极性端同时标为首端时，如图 3-30（a）、（d）所示，则原、副绕组的电动势同相位。设 A 与 a 为等电位点，此时，副绕组电动势的相量指向时钟的"0"点，故该变压器的联结组别记为 Ii0。I 和 i 表示原、副绕组均为单相。

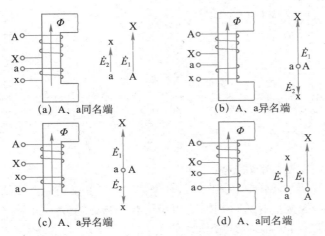

图 3-30 原、副绕组感应电动势的相对相位关系

当原、副绕组的异名端标为首端时，如图 3-30（b）、（c）所示，则原、副绕组的电动势相位相反，即联结组别为 Ii6。

国家标准规定，单相变压器只能采用一个联结组 Ii0。

（2）三相变压器绕组的接法

三相变压器的原、副边绕组均可以接成星形或三角形。国家标准规定，原绕组星形接法用 Y 表示，有中线时用 YN 表示，三角形接法用 D 表示。副绕组星形接法用 y 表示，有中线时用 yn 表示，三角形接法用 d 表示。三相变压器原、副绕组的首端分别用 A、B、C 或 U1、V1、W1 和 a、b、c 或 u1、v1、w1 标记，末端分别用 X、Y、Z 或 U2、V2、W2 和 x、y、z 或 u2、v2、w2 标记，星形接法的中点分别用 N、n 标记，如表 3-7 所示。

表 3-7 变压器绕组名称一览表（1）

绕组名称	单相变压器		三相变压器		中性点
	首端	末端	首端	末端	
高压绕组	A	X	A、B、C	X、Y、Z	N
低压绕组	a	x	a、b、c	x、y、z	n
中压绕组	A_m	X_m	A_m、B_m、C_m	X_m、Y_m、Z_m	N_m
高压绕组	U1	U2	U1、V1、W1	U2、V2、W2	N
低压绕组	u1	u2	u1、v1、w1	u2、v2、w2	n
中压绕组	$U1_m$	$U2_m$	$U1_m$、$V1_m$、$W1_m$	$U2_m$、$V2_m$、$W2_m$	N_m

图 3-31 给出了三相绕组的不同连接方法以及对应的相量图。图 3-31（a）为星形接法；图 3-31（b）和图 3-31（c）都是三角形接法。国家标准规定，电力变压器及三相交流电动机中的三角形接法只采用图 3-31（c）所示的逆序连接法。

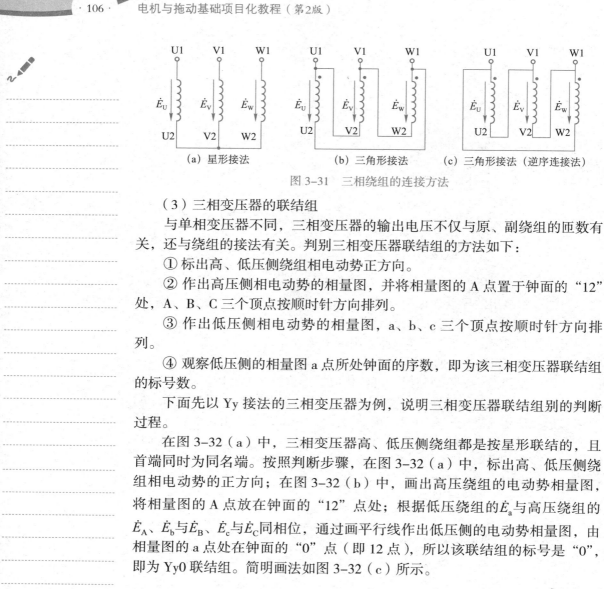

（a）星形接法　　（b）三角形接法　　（c）三角形接法（逆序连接法）

图 3-31　三相绕组的连接方法

（3）三相变压器的联结组

与单相变压器不同，三相变压器的输出电压不仅与原、副绕组的匝数有关，还与绕组的接法有关。判别三相变压器联结组的方法如下：

① 标出高、低压侧绕组相电动势正方向。

② 作出高压侧相电动势的相量图，并将相量图的 A 点置于钟面的"12"处，A、B、C 三个顶点按顺时针方向排列。

③ 作出低压侧相电动势的相量图，a、b、c 三个顶点按顺时针方向排列。

④ 观察低压侧的相量图 a 点所处钟面的序数，即为该三相变压器联结组的标号数。

下面先以 Yy 接法的三相变压器为例，说明三相变压器联结组别的判断过程。

在图 3-32（a）中，三相变压器高、低压侧绕组都是按星形联结的，且首端同时为同名端。按照判断步骤，在图 3-32（a）中，标出高、低压侧绕组相电动势的正方向；在图 3-32（b）中，画出高压绕组的电动势相量图，将相量图的 A 点放在钟面的"12"点处；根据低压绕组的 $\dot{E}_a$ 与高压绕组的 $\dot{E}_A$、$\dot{E}_b$ 与 $\dot{E}_B$、$\dot{E}_c$ 与 $\dot{E}_C$ 同相位，通过画平行线作出低压侧的电动势相量图，由相量图的 a 点处在钟面的"0"点（即 12 点），所以该联结组的标号是"0"，即为 Yy0 联结组。简明画法如图 3-32（c）所示。

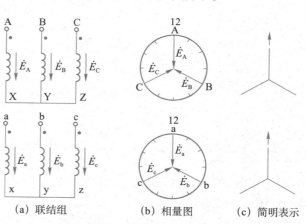

（a）联结组　　　（b）相量图　　　（c）简明表示

图 3-32　Yy0 联结组

接着分析 Yd 接法三相变压器的联结组别，如图 3-33 所示。

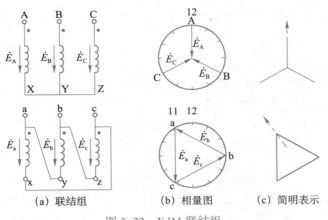

(a) 联结组   (b) 相量图   (c) 简明表示

图 3-33 Yd11 联结组

图 3-33 所示低压绕组为逆序三角形接法，按照上述判断步骤，画出相量图，可以确定其联结组标号为 Yd11。若低压绕组采用的是顺序三角形接法时，则联结组标号为 Yd1。

三相变压器有很多联结组别，为了避免制造和使用时造成的混乱，国家标准规定三相电力变压器只能采用以下 5 种联结组别：Yyn0、Yd11、YNd11、YNy0 和 Yy0。实际运行经验已经证明，Yy 接法和 Yd 接法几乎可以满足各种需要，仅在少数场合需要 Dy 接法，如在晶闸管整流电路中。在上述 5 种联结组中，Yyn0 联结组是我们经常碰到的，它主要用于容量不大的三相电力变压器，副边电压为 400V/230V，以供给动力和照明的混合负载。

任务实施

1. 器材与文具（见表 3-8）

表 3-8 联结组判定所需器材与文具一览表

文具	圆规	尺子	纸	笔
器材	变压器或变压器铭牌			

2. 操作程序

（1）标出高、低压侧绕组相电动势正方向。

（2）做出高压侧相电动势的相量图。

（3）做出低压侧相电动势的相量图。

（4）观察低压侧的相量图 a 点所处钟面的序数，得出三相变压器联结组标号数。

技能考核

1. 考核任务

每位学生独立完成变压器联结组的判定任务。

2. 考核要求及评分标准

（1）考核要求

① 相电动势方向标注正确。

② 高压侧相量图绘制清楚、正确。

③ 低压侧相量图清楚、正确；

④ 联结组标号正确。

（2）考核标准（见表3-9）

表3-9　考核标准一览表

序号	评价内容	配分	评分标准
1	高、低压侧相电动势方向	20	高压侧相电动势画错方向扣10分 低压侧相电动势画错方向扣10分
2	高压侧相量图	30	高压侧相量图画错一处扣10分
3	低压侧相量图	30	低压侧相量图画错一处扣10分
4	联结组标号	20	联结组判定错一处扣10分
备注	联结组字母大小写不对，也算错。按考核内容最高扣分		

工程案例
新建办公大楼变压器的选用

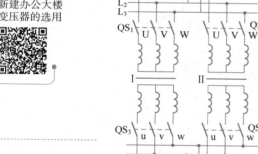

图 3-34　变压器并联运行

拓展知识

在现代发电站和变电所中，常采用多台变压器并联运行的方式。变压器的并联运行是指两台或两台以上变压器的原、副绕组分别并联起来，接到原边和副边的公共母线上参与运行，如图3-34所示。

1. 变压器并联运行的优点

① 提高供电的可靠性。如果某台变压器发生故障，可把它从电网切除，进行维修，电网仍能继续供电。

② 可根据负载的大小，调整变压器的运行台数，使工作效率提高。

③ 可以减少变压器的备用量和初次投资，随着用电量的增加，分批安装新的变压器。

2. 变压器理想的并联运行

① 空载时，各变压器间无环流。

② 负载时，各变压器所分担的负载电流与它们的容量成正比。

③ 各变压器的负载电流同相位。

3.变压器理想并联运行的条件

为了实现理想的并联运行，各台变压器必须满足以下条件：

① 各变压器原、副边的额定电压相等，即变比相等。

② 各变压器的联结组别相同。

③ 各变压器的短路电压相等。

在实际的并联运行中，并不要求变比绝对相等，误差在 ±0.5% 以内是允许的，所形成的环流不大；也不要求短路电压绝对相等，但误差不能超过 10%，否则容量分配不合理；只有变压器的联结组别一定要相同。

练 习 题

1．什么是单相变压器的联结组别，影响其组别的因素有哪些？如何用时钟法来表示？

2．三相心式变压器和三相变压器组相比，具有哪些优点？在测量三相心式变压器的空载电流时，为何中间一相的电流小于其他两相的电流？

3．变压器理想并联运行的条件是什么？试分析当某一条件不满足时变压器并联运行所产生的后果。

4．国家标准规定，电力变压器有哪几种联结组别？

5．三相变压器的一次、二次绕组按图 3-35 连接，试画图确定其联结组标号。

参考答案
项目3任务3

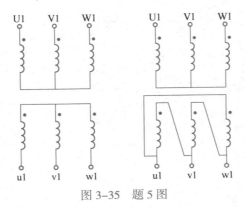

图 3-35　题 5 图

参考答案
项目3思考与
练习

思考与练习

一、填空题

1.电压互感器使用时副边不允许_____，电流互感器使用时副边不允许_____。

2. 变压器铁芯导磁性能越好，其励磁电流越_____。

3. 变压器中接电源的绕组称为_____绕组，接负载的绕组称为_____绕组。

4. 变压器油既是_____介质又是_____介质。

5. 变压器的铁芯是_____部分，变压器的绕组是_____部分。

二、判断题

1. （　　）三相变压器额定电压指额定线电压。

2. （　　）变压器外加电源电压及频率不变时，其主磁通大小基本不变。

3. （　　）三相心式变压器的磁路各相相互联系，彼此相关。

4. （　　）Y，d 联结组与 Y，y 联结组的三相变压器不存在并联的可能性。

5. （　　）变压器的漏抗是个常数，且数值很小。

6. （　　）变压器在原边外加额定电压不变的条件下，副边电流大，导致原边电流也大，因此变压器的主要磁通也大。

7. （　　）电流互感器的副边不许开路。

8. （　　）电压互感器的副边不许短路。

9. （　　）变压器的空载损耗可以近似看成铁耗。

10. （　　）变压器的短路实验一般在高压侧进行。

项目 4

>> 控制电动机

在各类自动控制系统、遥控和解算装置中，需要用到大量的各种各样的元件。控制电动机就是其中的重要元件之一。它属于机电元件，在系统中具有执行、检测和解算的功能。虽然从基本原理来说，控制电动机与普通旋转电动机没有本质上的差别，但后者着重于对电动机的力学性能指标方面的要求，而前者则着重于对特性、高精度和快速响应方面的要求。

控制电动机已经成为现代工业自动化系统、现代科学技术和现代军事装备中不可缺少的重要元件。它的应用范围非常广泛，例如，机床加工过程的自动控制和自动显示，舰船方向舵的自动操纵，飞机的自动驾驶，阀门的遥控，以及机器人、电子计算机、自动记录仪表、医疗设备、录音录像设备等的自动控制系统。

导学
控制电动机

任务 1 伺服电动机及其应用

"伺服"一词源于希腊语"奴隶"。人们想把"伺服电动机"当作得心应手的驯服工具，服从控制信号的要求而动作。在信号到来之前，转子静止不动；信号到来之后，转子立即转动；当信号消失，转子能即时自行停转。由于它的"伺服"性能，因此而得名——伺服电动机。

伺服电动机又称执行电动机，在自动控制系统中作为执行元件，它能把接受到的电压信号转换为电动机转轴上的机械角位移或角速度的变化，具有服从控制信号的要求而动作的功能。

根据实际应用，自动控制系统对伺服电动机一般有如下要求：调速范围宽、快速响应性能好、灵敏度高以及无自转现象。

伺服电动机按控制电压来分，可分为直流伺服电动机和交流伺服电动机两大类。

延伸阅读
"能量守恒"与正确的世界观

◎ 任务目标

（1）掌握伺服电动机的结构、类型。
（2）掌握伺服电动机的工作原理。
（3）掌握伺服电动机的各种应用，能进行伺服电动机的相关操作。

任务引导

1. 直流伺服电动机

直流伺服电动机是指使用直流电源的伺服电动机。

（1）结构和类型

直流伺服电动机的结构和一般直流电动机相同，只是其转子做得细长，以减小转动惯量，因此它的容量和体积都很小，实际上就是一台微型直流他励电动机，其常见外形如图 4-1 所示。

图 4-1 直流伺服电动机

直流伺服电动机分传统型和低惯量型两大类。

① 传统型直流伺服电动机。传统型直流伺服电动机是由定子、转子（电枢）、电刷和换向器四大部分组成的，按励磁方式（产生磁场的方式）不同可分为永磁式和电磁式两种直流伺服电动机。永磁式电动机的磁极是永久磁铁；电磁式电动机的磁极是电磁铁，磁极外面套着励磁绕组。以上两种传统式电动机的转子（电枢）铁芯均由硅钢片冲制叠压而成，在转子冲片的外圆周上开有均匀分布的齿和槽，在转子槽中放置电枢绕组，并经换向器、电刷与外电路相连。传统型直流伺服电动机结构示意图如图 4-2 所示。

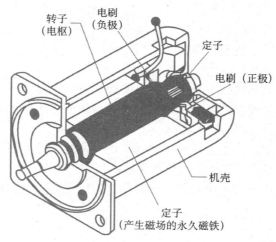

图 4-2 传统型直流伺服电动机结构示意图（注：图中未标注换向器）

② 低惯量型直流伺服电动机。低惯量型直流伺服电动机的明显特点是转子轻，转动惯量小，快速响应好。按照电枢形式的不同，低惯量型直流伺服电动机分为盘形电枢直流伺服电动机、空心杯电枢永磁式直流伺服电动机及无槽电枢直流伺服电动机。

- 盘形电枢直流伺服电动机。盘形电枢直流伺服电动机的结构如图 4-3 所示。它的定子是由永久磁钢和前后磁轭组成的，转轴上装有圆盘。电动机的气隙位于圆盘的两侧，圆盘上有电枢绕组，绕组可分为印制绕组和绕线盘式绕组两种形式，这种结构的电动机基本作用原理未变，但却大大降低了电动机的转动惯量和电枢绕组的电感。

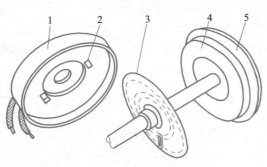

1—前盖；2—电刷；3—盘形电枢；4—磁钢；5—后盖

图 4-3　盘形电枢直流伺服电动机结构示意图

- 空心杯电枢永磁式直流伺服电动机。直流电动机转子电枢铁芯的作用主要是减小主磁路的磁阻，其次是固定电枢绕组。例如，将电枢绕组和电枢铁芯在机械上分离，电枢绕组在模具上绕成后用玻璃丝带和环氧树脂胶合成一杯形体，杯底中心固定有电动机转轴。电枢铁芯为有中心孔的圆筒，一端固定在电动机的端盖上，称为内定子。杯形绕组的轴穿过内定子中心孔，通过轴承放置在两侧端盖上，其结构如图 4-4 所示。杯形转子在内、外定子间的气隙中旋转。可见其基本作用原理未变，但转轴的转动惯量大大降低；电枢绕组两侧均为气隙，其电感也大为减小，均有利于改善动态特性。如果电动机为永磁电动机，则磁极也可放在内定子上，外定子只作为主磁路的一部分。此种形式称为内磁场式空心杯转子电动机。

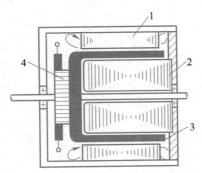

1—外定子（磁轭和磁极）；2—内定子；3—杯形转子；4—换向器

图 4-4　空心杯转子伺服电动机结构示意图

工程案例

驱动器故障引起跟随误差超差报警维修

- 无槽电枢直流伺服电动机。无槽电枢直流伺服电动机的结构如图 4-5 所示。电枢铁芯为光滑圆柱体，其上不开槽，电枢绕组直接排列在铁芯表面，再用环氧树脂把它与电枢铁芯粘成一个整体，定转子间气隙大。定子磁极可以采用永久磁铁做成，也可以采用电磁式结构。这种电动机的转动惯量和电枢电感都比空心杯形或盘形电枢大，因而动态性能较差。

（2）工作原理

直流伺服电动机的工作原理与普通的直流电动机相同。直流伺服电动机有两个独立的电回路：电枢回路和励磁回路。工作时一个用于接电源，另一个用于接收控制信号。如果磁极采用永久磁铁，则它只有一个控制回路（电枢绕组）用以接收电气信号。因此直流伺服电动机的控制方式有两种：电枢控制和磁场控制。

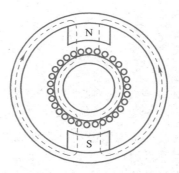

图 4-5　无槽电枢直流伺服电动机的结构简图

所谓电枢控制是指励磁绕组加额定励磁电压 U_f，电枢加控制电压 U，当负载恒定时，改变电枢电压的大小和极性，同直流电动机一样，伺服电动机的转速和转向随之改变。磁场控制是指励磁绕组加控制电压，而电枢绕组加额定电压，同样，改变励磁电压的大小和极性，也可使电动机的转速和转向改变。由于电枢控制方式的特性好，电枢回路的电感小而响应迅速，因此自动控制系统中多采用电枢控制。电枢控制的接线图如图 4-6 所示。

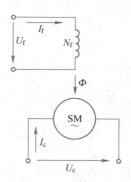

图 4-6　电枢控制的接线图

图 4-7（a）所示的是直流伺服电动机的机械特性，所谓机械特性是指励磁电压 U_f 恒定，电枢绕组上的控制电压 U 为定值时，伺服电动机转速 n 与电磁转矩 T 之间的函数关系，即 $n=f(T)$。

从图 4-7（a）所示的机械特性可以看出：

● 其机械特性是线性的。

- 在控制电压 U_c 一定的情况下，转速越高，电磁转矩越小。
- 当控制电压为不同值时，机械特性为一组平行线。

图4-7（b）所示的是直流伺服电动机的调节特性，所谓调节特性是指电磁转矩一定时，伺服电动机转速随系数 α 变化的关系，即与电枢的控制电压 U_c 的变化关系 $n=f(\alpha)$。

其调节特性也是线性的。在负载转矩一定时，控制电压 U_c 大，转速就高，转速与控制电压成正比，当 $U_c=0$ 时，$n=0$，电动机停转，无自转现象，所以直流伺服电动机的可控性好。调节特性曲线与横坐标的交点，表示在一定负载转矩时电动机的起动电压。当负载转矩一定时，伺服电动机若想顺利起动，控制电压应大于相应的起动电压；反之，控制电压小于相对应的起动电压，由于电动机的电磁转矩小于负载转矩，伺服电动机就不能正常起动。所以，调节特性曲线的横坐标从原点到起动电压点的这一段范围，称为某一负载转矩时伺服电动机的失灵区。显然，失灵区的大小与负载转矩成正比。

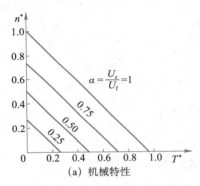
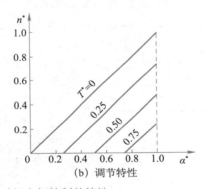

（a）机械特性　　　　　　　（b）调节特性

图4-7　直流伺服电动机电枢控制的特性

注：α—信号系数，$\alpha=\dfrac{U_c}{U_f}$；n^*—转速相对值，$n^*=\dfrac{n}{n_B}$，n_B 为转速基值；T^*—转矩相对值，$T^*=\dfrac{T}{T_B}$，T_B 为转矩基值。

由以上分析可知，电枢控制直流伺服电动机的机械特性和调节特性曲线都是一组平行的直线，这是直流伺服电动机突出的优点。但上述结论是在理想假设的条件下得到的，实际直流伺服电动机的特性曲线是一组接近直线的曲线。

直流伺服电动机的优点除机械特性曲线是线性的之外，还包括速度调节范围宽而且平滑，起动转矩大，无自转现象，反应也相当灵敏，与同容量的交流伺服电动机相比，体积和重量可减小到原来的1/2～1/4。其缺点是由于存在换向器和电刷的滑动接触，常因接触不良而影响运行的稳定性，电刷火花会产生干扰。

2. 交流伺服电动机

交流伺服电动机是指使用交流电源的伺服电动机。

⊘ 提　示

直流伺服电动机的机械特性和调节特性都是一组平行线。

（1）结构和类型

交流伺服电动机的外形如图 4-8 所示。

图 4-8 交流伺服电动机

交流伺服电动机的结构主要由定子和转子构成。定子铁芯通常用硅钢片叠压而成，定子铁芯表面的槽内嵌有两相绕组，其中一相绕组是励磁绕组，另一相绕组是控制绕组，两相绕组在空间位置上互差 90° 电角度。从定子绕组看，交流伺服电动机实质上是一个"两相异步电动机"。

转子结构型式主要有两种：笼型转子和空心杯型转子，如图 4-9、图 4-10 所示。

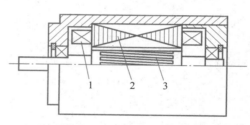

1—定子绕组；2—定子铁芯；3—鼠笼转子
图 4-9 笼型转子交流伺服电动机

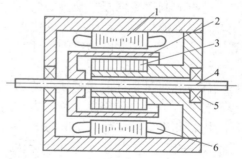

1—外定子铁芯；2—杯形转子；3—内定子铁芯；4—转轴；5—轴承；6—定子绕组
图 4-10 空心杯型转子交流伺服电动机

笼型转子，结构简单，其绕组由具有高电阻率的材料制成（如黄铜、青铜等），如图 4-11 所示，也可采用铸铝转子，绕组的电阻比一般的异步电动机大得多，因此起动电流小而起动转矩较大。为了使伺服电动机对输入信号有较高的灵敏度，必须尽量减小转子的转动惯量，所以转子通常做得细长。由于转子回路的电阻增大，使得交流伺服电动机的特性曲线变"软"，从而消除自转现象。

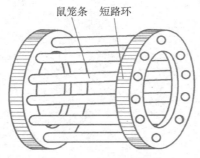

鼠笼条　短路环

图 4-11　笼型转子绕组

近年来，为了进一步提高伺服电动机的快速反应性，采用如图 4-10 所示的空心杯型转子，其定子分内外两个部分，均用硅钢片叠成。外定子和一般感应电动机一样，并且在外定子上装有空间上互差 90° 电角度的两相绕组，还有一个内定子，内定子是由硅钢片叠压而成的圆柱体，通常内定子上无绕组，只是代替笼型转子铁芯作为磁路的一部分，其作用是减少主磁通磁路的磁阻。在内外定子之间有一个细长的、装在转轴上的空心杯型转子，杯型转子通常用非磁性材料青铜或铝合金制成，壁很薄，一般只有 0.2 ～ 0.8mm，因而具有较大的转子电阻和很小的转动惯量。杯型转子可以在内外定子间的气隙中自由旋转，电动机依靠杯型转子内感应的涡流与气隙磁场作用而产生电磁转矩。可见，杯型转子交流伺服电动机的优点为转动惯量小，摩擦转矩小，因此快速响应好；另外，由于转子上无齿槽，所以运行平稳，无抖动，噪声小。其缺点是由于这种结构的电动机的气隙较大，因此空载励磁电流也较大，致使电动机的功率因数较低，效率也较低，它的体积和容量要比同容量的笼型伺服电动机大得多。目前我国生产的这种伺服电动机的型号为 SK，这种伺服电动机主要用于要求低噪声及低速平稳运行的某些系统中。

（2）工作原理

图 4-12 是交流伺服电动机的原理图，图中当励磁绕组通入额定的励磁电压 U_f，而控制绕组接入从伺服放大器输出的控制电压 U_c，两绕组在空间上互差 90° 电角度，且励磁电压 U_f 和控制电压 U_c 频率相同。根据旋转磁场理论，若为控制绕组加上的控制电压 U_c 为 0V 时（即无控制电压），所产生的是脉振磁通势，所建立的是脉振磁场，电动机无起动转矩；在图 4-12 所示交流伺服电动机的原理图中，当为控制绕组加上的控制电压 $U_c \neq 0V$，两相绕组的电流在气隙中建立一个旋转磁场，如 i_c 与 i_f 相位差为 90° 时，且大小相等，则为圆形旋转磁场；如控制电流与励磁电流的相位不同时，建立起椭圆形旋转磁场。不管是圆形旋转磁场还是椭圆形旋转磁场，都将产生起动力矩，使电动机旋转起来，如图 4-12 所示。一旦控制电压 U_c=0，则仅有励磁电压作用，电动机工作在单相脉振磁场下，由单相异步电动机工作原理可

知，伺服电动机仍会像一般单相异步电动机那样按原转动方向旋转，即出现失控现象，我们把这种因失控而自行旋转的现象称为自转。自转现象是不符合自动控制系统的要求的，必须避免。为了达到此目的，可以通过增加转子电阻的办法来消除"自转"。

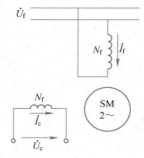

图 4-12　交流伺服电动机的原理图

提　示

为消除交流伺服电动机的自转现象，必须加大转子电阻。

（3）控制方式

对于两相运行的异步电动机，若在两相对称绕组中外施两相对称电压，便可得到圆形旋转磁场。反之，若两相电压幅值不同，或者相位差不是90°电角度，则得到的便是椭圆形的旋转磁场。

交流伺服电动机运行时，为控制绕组所加的控制电压U_c是变化的，一般来说，得到的是椭圆形旋转磁场，并由此产生电磁转矩而使电动机旋转。若改变控制电压的幅值或改变控制电压与励磁电压之间的相位角，都能使电动机气隙中旋转磁场的椭圆度发生变化，从而改变电磁转矩的大小。所以当负载转矩一定时，通过调节控制电压的大小或相位可达到改变电动机转速的目的。因此，交流伺服电动机的控制方式有以下三种：

① 幅值控制。如图 4-13 所示，幅值控制通过改变控制电压$\dot{U}_c$的大小来控制电动机的转速，此时控制电压$\dot{U}_c$与励磁电压$\dot{U}_f$之间的相位差始终保持90° 电角度。若控制绕组的额定电压$\dot{U}_{cN}=\dot{U}_f$，那么控制信号的大小可表示为$U_c=\alpha_e U_{cN}$，α_e称为有效信号系数，那么以U_{cN}为基值，即有效信号系数为

$$\alpha_e = \frac{U_c}{U_{cN}} \tag{4-1}$$

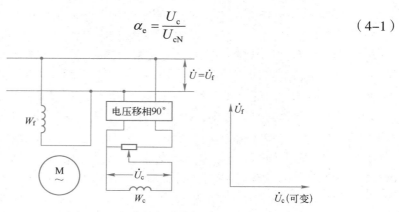

图 4-13　幅值控制接线图及向量图

U_c为实际控制电压；U_{cN}为额定控制电压，当控制电压U_c在 0 ~ U_{cN}之间变化时，有效信号系数α_e在 0 ~ 1 变化。

因此，当有效信号系数α_e=1 时，控制电压$\dot{U}_c$与$\dot{U}_f$的幅值相等，相位相差 90° 电角度，且两绕组空间相差 90° 电角度。此时所产生的气隙磁通势为圆形旋转磁通势，产生的电磁转矩最大；当α_e< 1 时，控制电压小于励磁电压的幅值，所建立的气隙磁场为椭圆形旋转磁场，产生的电磁转矩减小。α_e越小，气隙磁场的椭圆度越大，产生的电磁转矩越小，电动机转速越慢，在α_e=0 时，控制信号消失，气隙磁场为脉振磁场，电动机不转或停转。

② 相位控制。相位控制是通过改变控制电压$\dot{U}_c$与励磁电压$\dot{U}_f$之间的相位差来实现对电动机转速和转向的控制的，而控制电压的幅值保持不变。

如图 4-14 所示，励磁绕组直接接到交流电源上，而控制绕组经移相器后接到同一交流电压上，$\dot{U}_c$与$\dot{U}_f$的频率相同。而$\dot{U}_c$相位通过移相器可以改变，从而改变两者之间的相位差β，$\sin\beta$称为相位控制的信号系数。改变$\dot{U}_c$与$\dot{U}_f$相位差β的大小，可以改变电动机的转速，还可以改变电动机的转向：将交流伺服电动机的控制电压$\dot{U}_c$的相位改变 180° 电角度时（即极性对换），若原来的控制绕组内的电流$\dot{i}_c$超前于励磁电流$\dot{i}_f$，相位改变 180° 电角度后，$\dot{i}_c$反而滞后于$\dot{i}_f$，电动机气隙磁场的旋转方向与原来相反，从而使交流伺服电动机反转。相位控制的机械特性和调节特性与幅值控制相似，也是非线性的。

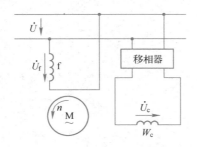

图 4-14　相位控制接线图

当相位角为零时，即 U_c 与 U_f 同相位，相当于单相励磁，电动机气隙中产生脉振磁场，电动机停转。这种控制方法因调节相位比较复杂，一般很少被采用。

③ 幅值—相位控制（电容控制）。幅值—相位控制是指控制电压的幅值和相位同时改变来控制伺服电动机的转速。幅值—相位控制接线图如图 4-15 所示。励磁绕组通过串联一个移相电容后接到交流电源上，控制绕组通过分压电阻接在同一电源上。这样，励磁绕组的电压不再等于电源电压，也不与电源电压同相。当调节分压电阻改变控制电压 U_c 幅值时，由于转子绕组的耦合作用，励磁绕组的电流 I_f 发生变化，使励磁绕组的电压 U_f 和电容 C 上的电压也随之变化。这就是说，控制电压 U_c 和励磁电压 U_f 大小及它

们之间的相位角也都随之改变，从而使伺服电动机转速受控变化。所以若控制电压 $U_c=0$，电动机仅有励磁绕组单相通电，则产生制动电磁转矩，电动机停转。这是一种幅值和相位的复合控制方式。这种控制方式实质是利用串联电容来分相的。

幅度—相位控制线路简单，不需要复杂的移相装置，只需电容进行分相，具有线路简单、成本低廉、输出功率较大的优点，因而成为使用最多的控制方式。

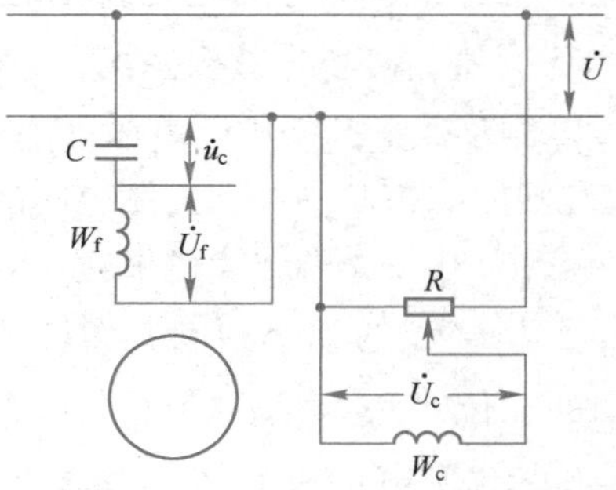

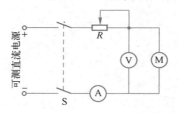

图 4-15　幅值—相位控制接线图

任务实施

1. 用伏安法测直流伺服电动机电枢的直流电阻

（1）按图 4-16 所示接线，电阻 R 选用屏上 4 个 900Ω 串联共 3600Ω 阻值。

图 4-16　测电枢绕组直流电阻接线图

（2）经检查无误后接通可调直流电源，并调至 220V，合上开关 S，调节 R 使电枢电流达到 0.2A，迅速测取电动机电枢两端电压 U 和电流 I，再将电动机轴分别旋转 1/3 周和 2/3 周。同样测取 U、I，记录于表 4-1 中，取三次的平均值作为实际冷态电阻。

表 4-1　直流伺服电动机电枢的直流电阻测量记录表

序号	U/V	I/A	R_a/W	R_{aref}/Ω

（3）计算基准工作温度时的电枢电阻。由实验直接测得电枢绕组电阻值，此值为实际冷态电阻值，冷态温度为室温，按下式换算得到基准工作温度时的电枢绕组电阻值：

$$R_{aref} = R_a \frac{235 + \theta_{ref}}{235 + \theta_a} \qquad (4-2)$$

式中，R_{aref}——换算到基准工作温度时电枢绕组电阻（W）。

R_a——电枢绕组的实际冷态电阻（W）。

θ_{ref}——基准工作温度，对于 E 级绝缘为 75℃。

θ_a——实际冷态时电枢绕组温度（℃）。

2. 测取直流伺服电动机的机械特性

（1）按图 4-17 所示接线，图中 R_{f2} 选用屏上 1800 Ω 阻值，A_1、A_2 分别选用毫安表、安培表。

（2）把 R_{f2} 调至最小，先接通励磁电源，再调节控制屏左侧调压器旋钮使直流电源升至 220V。

（3）调节涡流测功机控制箱给直流伺服电动机加载。调节 R_{f2} 阻值，使直流伺服电动机 $n=n_N=1600$r/min，$I_a=I_N=0.8$A，$U=U_N=220$V，此时电动机励磁电流为额定励磁电流。

（4）保持此额定励磁电流不变，逐渐减载，从额定负载到空载，测取其机械特性 $n=f(T)$，记录 n、I_a、T 的 7 ~ 8 组数据于表 4-2 中。

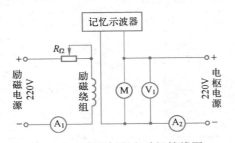

图 4-17 直流伺服电动机接线图

表 4-2 记录表 $U=U_N=220$V $I_f=I_{fN}=$____mA

$n/(r/min)$							
I_a/A							
$T/N \cdot m$							

（5）调节可调直流电源电压为 $U=160$V，调节 R_{f2}，保持电动机励磁电流的额定电流 $I_f=I_{fN}$，调节涡流测功机使 $I_a=1$A，再调节涡流测功机给定调节旋钮减载一直到空载，其间记录 7 ~ 8 组数据于表 4-3 中。

表4-3　记录表　　　　　　　　　U=160V　I_f=I_{fN}=____mA

N/(r/min)						
I_a/A						
T/N·m						

（6）调节可调直流电源电压为 U=110V，调节 R_{f2}，保持电动机励磁电流的额定电流 I_f=I_{fN}，调节涡流测功机使 I_a=0.8A，再调节涡流测功机一直到空载，其间记录7～8组数据于表4-4中。

表4-4　记录表　　　　　　　　　U=110V　I_f=I_{fN}=____mA

N/(r/min)						
I_a/A						
T/N·m						

3. 测定空载始动电压和检查空载转速的不稳定性

保持电动机输出转矩 T=0，调节直流伺服电动机电枢电压，起动电动机，把电枢电压调至最小后，直至 n=0r/min，再慢慢增大电枢电压，使电枢电压从零缓慢上升，直至转速开始连续转动，此时的电压即为空载始动电压。

（1）正、反向各测量三次，取其平均值作为该电动机始动电压，将数据记录于表4-5中。

表4-5　记录表　　　　　　　　I_f=I_{fN}=____mA　T=0

次数	1	2	3	平均
正向 U_a/V				
反向 U_a/V				

（2）正（反）转空载转速的不对称性。

正（反）转空载转速不对称性计算公式为

$$正(反)转空载转速不对称性 = \frac{正(反)转空载转速 - 平均转速}{平均转速} \times 100\% \qquad (4-3)$$

其中，$$平均转速 = \frac{正转空载转速 - 反转空载转速}{2}$$。

注：正（反）转空载转速不对称性应 ≤ 3%。

技能考核

1. 考核任务

每3～4位学生为一组，在规定时间内完成以上实验，计算相关参数。

2. 考核要求及评分标准

（1）实验所用设备（见表 4-6）

表 4-6　实验所用设备

序号	型号	名称	数量	备注
1	HK01	电源控制屏	1件	
2	HK02	实验桌	1件	
3	HK03	涡流测功系统导轨	1件	
4	DJ25	直流电动机	1件	
9		记忆示波器	1件	自备

（2）考核内容及评分标准（见表 4-7）

表 4-7　考核内容及评分标准

序号	考核内容	配分	评分标准
1	直流伺服电动机电枢的直流电阻	20	线路连接正确 5 分 实验操作正确 5 分 数据记录精确 5 分 正确分析数据得出结论 5 分
2	直流伺服电动机的机械特性实验	60	线路连接正确 10 分 实验操作正确 10 分 数据记录精确 10 分 正确分析数据得出结论 30 分
3	空载始动电压和检查空载转速的不稳定性实验	20	线路连接正确 5 分 实验操作正确 5 分 数据记录精确 5 分 正确分析数据得出结论 5 分

🔍 知识拓展

1. 产品型号

交流伺服电动机的型号由机座号、产品代号、频率代号及性能参数序号等几位组成，示例如图 4-18 所示。

交流伺服电动机产品代号说明如下。

SL：笼型转子两相交流伺服电动机。

SK：空心杯型转子两相交流伺服电动机。

SX：绕线型转子两相交流伺服电动机。

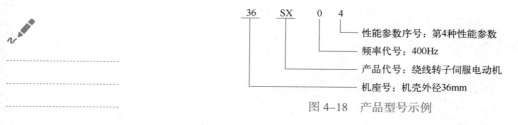

图4-18 产品型号示例

2. 主要性能指标

（1）空载始动电压 U_{s_0}

在额定励磁电压和空载的情况下，使转子在任意位置开始连续转动所需的最小控制电压被定义为空载始动电压 U_{s_0}，通常以额定控制电压的百分比来表示。U_{s_0} 越小，表示伺服电动机的灵敏度越高。一般 U_{s_0} 要求不大于额定控制电压的 3% ~ 4%；使用于精密仪器仪表中的两相伺服电动机，有时要求 U_{s_0} 不大于额定控制电压的 1%。

（2）机械特性的非线性度 k_m

在额定励磁电压下，任意控制电压时的实际机械特性与线性机械特性在电磁转矩 $T=T_d/2$ 时的转速偏差 Δn 与空载转速 n_0（对称状态时）之比的百分数，被定义为机械特性的非线性度，即

$$k_m = \frac{\Delta n}{n_0} \times 100\% \tag{4-4}$$

机械特性的非线性度如图 4-19 所示。

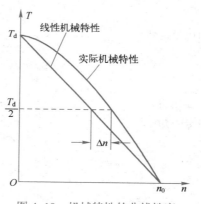

图 4-19 机械特性的非线性度

（3）调节特性的非线性度 k_v

在额定励磁电压和空载情况下，当 $\alpha_e=0.7$ 时，实际调节特性与线性调节特性的转速偏差 $\mathrm{D}n$ 与 $\alpha_e=1$ 时的空载转速 n_0 之比的百分数，被定义为调节特性的非线性度，即

$$k_v = \frac{\Delta n}{n_0} \times 100\% \tag{4-5}$$

调节特性的非线性度如图 4-20 所示。

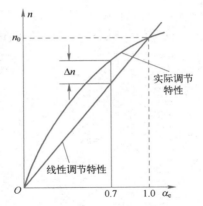

图 4-20　调节特性的非线性度

（4）堵转特性的非线性度 k_d

在额定励磁电压下，实际堵转特性与线性堵转特性的最大转矩偏差与信号系数等于 1 时的堵转转矩之比值的百分数，被定义为堵转特性的非线性度，即

$$k_d = \frac{(\Delta T_{d0})_{max}}{T_{d0}} \times 100\% \qquad (4-6)$$

堵转特性的非线性度如图 4-21 所示。

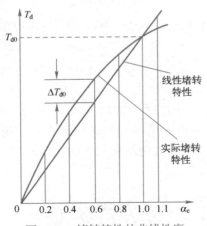

图 4-21　堵转特性的非线性度

以上这几种特性的非线性度越小，特性曲线越接近直线，系统的动态误差就越小，工作就越准确，一般要求 $k_m \leqslant 20\%$，$k_v \leqslant 25\%$，$k_d \leqslant 5\%$。

（5）机电时间常数 τ_j

当转子电阻相当大时，交流伺服电动机的机械特性接近于直线。如果把 $a_e=1$ 时的机械特性近似地用一条直线来代替，如图 4-22 中虚线所示，那么与这条线性机械特性相对应的机电时间常数就与直流伺服电动机机电时间常数表达式相同，即

$$\tau_j = \frac{J\omega_0}{T_{d0}} \qquad (4-7)$$

式中，J—转子的转动惯量。

　　　　ω_0—对称状态下，伺服电动机空载运行时的角速度。

　　　　T_{d0}—对称状态下的堵转转矩。

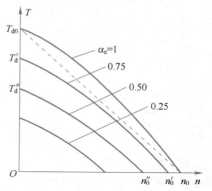

图4-22　不同信号系数α_e时的机械特性

　　实际运行中，伺服电动机经常运行在不对称状态下，即有效信号系数不等于1的情况下，由图4-22可知，随着有效信号系数的减小，机械特性上的空载转速与堵转转矩的比值随之增大，即

$$\frac{n_0}{T_{d0}} < \frac{n_0'}{T_d'} < \frac{n_0''}{T_d''}$$

　　因而随着有效信号系数的减小，相应的时间常数也随之增大，即

$$\tau_j < \tau_j' < \tau_j''$$

　　使用中要根据实际情况，考验有效信号系数的大致变化范围，来选取机电时间常数。

　　由式（4-7）可知，机电时间常数与转子惯量成正比，与堵转转矩成反比。因此交流伺服电动机为了减小机电时间常数，提高电动机的快速反应性，往往把转子做得细长，在电动机起动时，控制励磁绕组所加电压与控制绕组所加电压成90°。

参考答案
项目4任务1

　　1．比较交流、直流伺服电动机的优缺点。

　　2．比较交流伺服电动机与单相异步电动机的异同。

　　3．交流伺服电动机在结构上和一般交流异步电动机有何异同点？分析交流伺服电动机在不同的信号系数（幅值控制）时，电动机磁场的变化。

　　4．什么是伺服电动机的自转现象？如何消除？

　　5．交流伺服电动机的控制方式有哪些？分别调节哪个物理量来实现？

　　6．什么是交流伺服电动机的机械特性？

　　7．简述交流伺服电动机的磁场与单相异步电动机磁场的区别。

任务 ② 步进电动机及其应用

步进电动机又称脉冲电动机，是数字控制系统中的一种重要的执行元件。步进电动机是利用电磁铁原理将电脉冲信号转换成相应角位移的控制电动机。每输入一个脉冲，电动机就转动一个角度或前进一步，其输出的角位移或线位移与输入脉冲数成正比，转速与脉冲频率成正比。在负载能力范围内，这些关系将不受电源电压、负载、环境、温度等因素的影响，还可在很宽的范围内实现调速，快速起动、制动和反转。

随着数字技术和电子计算机的发展，步进电动机的控制更加简便、灵活和智能化，现已广泛用于各种数控机床、绘图机、自动化仪表、计算机外设及数/模变换等数字控制系统中作为元件。

🎯 任务目标

（1）掌握步进电动机的结构、类型。
（2）掌握步进电动机的工作原理。
（3）掌握步进电动机的各种应用，能进行步进电动机的相关操作。

✳ 任务引导

1. 步进电动机的分类及结构

步进电动机的种类繁多，按运行方式可分为旋转型和直线型，通常使用的多为旋转型，旋转型步进电动机又有反应式（磁阻式）、永磁式和感应式三种。其中反应式步进电动机用得比较普遍，结构也较简单，所以下面以反应式步进电动机为代表介绍步进电动机的结构和工作原理。

反应式步进电动机又称为磁阻式步进电动机，其典型结构如图 4-23 所示。图 4-23（a）是一台四相反应式步进电动机，定子铁芯由硅钢片叠成，定子上有 8 个磁极（大齿），每个磁极上又有许多小齿。四相反应式步进电动机共有 4 套定子控制绕组，绕在径向相对的两个磁极上，一套绕组为一相。转子也是由叠片铁芯构成的，沿圆周有很多小齿，转子上没有绕组。根据工作要求，定子磁极上小齿的齿距和转子上小齿的齿距必须相等，而且转子的齿数有一定的限制。图中转子齿数为 50 个，定子每个磁极上小齿数为 5 个。

2. 步进电动机的工作原理

反应式步进电动机的工作原理是利用凸极转子横轴磁阻与直轴磁阻之差所引起的反应转矩而转动。为了便于说清问题，以最简单的三相反应式步进电动机为例来介绍。

反应式步进电动机的运行方式有：三相单三拍运行、三相单双六拍运行及双三拍运行。

图片
步进电动机

PPT
步进电动机

微课
步进电动机

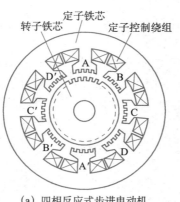

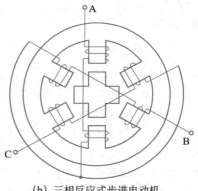

(a) 四相反应式步进电动机　　　　(b) 三相反应式步进电动机

图 4-23　反应式步进电动机典型结构

（1）三相单三拍运行方式的基本原理

设 A 相首先通电（B、C 两相不通电），产生 A-A′ 轴线方向的磁通，并通过转子形成闭合回路。这时 A、A′ 极就成为电磁铁的 N、S 极。在磁场的作用下，转子总是力图转到磁阻最小的位置，也就是要转到转子的齿对齐 A、A′ 极的位置，如图 4-24（a）所示；接着 B 相通电（A、C 两相不通电），转子便顺时针方向转过 30°，它的齿和 B、B′ 极对齐，如图 4-24（b）所示。断开 B 相，接通 C 相，则转子再转过 30°，使转子齿 1 和 3 的轴线与 C 极轴线对齐。如此按 A-B-C-A······顺序不断接通和断开控制绕组，转子就会一步一步地按顺时针方向连续转动，如图 4-24 所示。如上所述电动机通电次序改为 A-C-B-A······则电动机转向相反，变为按逆时针方向转动。显然，电动机的转速取决于各控制绕组通电和断电的频率（即输入的脉冲频率），旋转方向取决于控制绕组轮流通电的顺序。

这种按 A-B-C-A······方式运行的称为三相单三拍运行。所谓"三相"，是指此步进电动机具有三相定子绕组；"单"是指每次只有一相绕组通电；"三拍"指三次换接为一个循环，第四次换接重复第一次的情况。

　　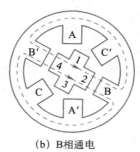　　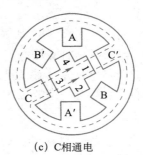

(a) A相通电　　　　　　(b) B相通电　　　　　　(c) C相通电

图 4-24　三相单三拍运行

（2）三相单双六拍运行方式的基本原理

设 A 相首先通电，转子齿与定子 A、A′ 对齐，如图 4-25（a）所示。然后在 A 相继续通电的情况下接通 B 相。这时定子 B、B′ 极对转子齿 2、4 产生磁拉力，使转子按顺时针方向转动，但是 A、A′ 极继续拉住转

延伸阅读
世界上体积最小的步进电动机

子齿 1、3，因此，转子转到两个磁拉力平衡位置为止。这时转子的位置如图 4-25（b）所示，即转子从图 4-25（a）所示位置顺时针转过了 15°。接着 A 相断电，B 相继续通电。这时转子齿 2、4 和定子 B、B′ 极对齐，如图 4-25（c）所示，转子从图 4-25（c）所示的位置又转过了 15°，其位置如图 4-25（d）所示。这样，按照 A-AB-B-BC-C-CA-A…… 的顺序轮流通电，则转子便按顺时针方向一步一步地转动，步距角为 15°。电流换接 6 次，磁场旋转一周，转子前进了一个齿距角。这种通电方式称为单双六拍运行方式。

（a）A相通电　　　（b）A、B相通电　　　（c）B相通电　　　（d）B、C相通电

图 4-25　三相单双六拍运行

（3）双三拍运行方式的基本原理

如果每次都是两相通电，即按 AB-BC-CA-AB…… 的顺序通电，则称为双三拍运行方式，如图 4-25（b）、图 4-25（d）所示，步距角也是 30°。因此，采用单三拍和双三拍方式时转子每走三步前进一个齿距角，每走一步前进三分之一齿距角；采用六拍方式时，转子每走 6 步前进一个齿距角，每走一步前进六分之一齿距角。因此步距角 θ 可用下式计算：

$$\theta = 360° /Z_R \times m \times C \qquad (4-8)$$

式中，Z_R 是转子齿数；m 是相数；C 是通电系数，采用三相单三拍通电方式时，系数为 1，采用三相单双六拍通电方式时，系数为 2。

为了提高工作精度，就要求步距角很小。由式（4-8）可见，要减小步距角可以增加转子的齿数，如图 4-23（a）所示。也可以增加拍数、相数，但相数越多，电源及电动机的结构也越复杂。反应式步进电动机一般做到六相，个别的也有八相或更多相数。对同一相数既可以采用单拍制，也可采用单双六拍制。采用单双六拍制时步距角减小一半。所以一台步进电动机可有两个步距角，如 1.5° /0.75°、3° /1.5° 等。

反应式步进电动机可以按特定指令进行角度控制，也可以进行速度控制。角度控制时，每输入一个脉冲，定子绕组就换接一次，输出轴就转过一个角度，其步数与脉冲数一致，输出轴转动的角位移量与输入脉冲数成正比。速度控制时，送入步进电动机的是连续脉冲，各相绕组不断地轮流通电，步进电动机连续运转，它的转速与脉冲频率成正比，如式（4-9）所示：

$$n = \frac{60f}{Z_R N} (\text{r/min}) \qquad (4-9)$$

式中，f 为控制脉冲的频率，即每秒输入的脉冲数。

提　示

一台步进电动机之所以有两个步距角，是因为采用单拍制或单双拍制的不同通电方式造成的。

任务实施

此任务按图 4-26 所示接线。

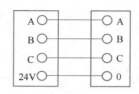

图 4-26　步进电动机实验接线图

1. 单步运行状态

接通电源，将控制系统设置于单步运行状态或复位后，按"执行"键，步进电动机走一步距角，绕组中相应的发光管发亮，再不断地按"执行"键，步进电动机转子也不断做步进运动。改变电动机的转向，电动机做反向步进运动。

2. 角位移和脉冲数的关系

控制系统接通电源，设置好预置步数，按"执行"键，电动机运转，观察并记录电动机偏转角度，再重置另一数值，按"执行"键，观察并记录电动机偏转角度于表 4-8、表 4-9 中，并利用公式计算电动机偏转角度，判断其与实际值是否一致。

表 4-8　电动机偏转角度（1）　　　　　步数 1=＿＿步

序号	实际电动机偏转角度	理论电动机偏转角度

表 4-9　电动机偏转角度（2）　　　　　步数 2=＿＿步

序号	实际电动机偏转角度	理论电动机偏转角度

3. 定子绕组中电流和频率的关系

在步进电动机电源的输出端串接一只直流电流表（注意 +、- 端）使步进电动机连续运转，由低到高逐渐改变步进电动机的频率，读取并记录 5 ~ 6 组电流表的平均值、频率值于表 4-10 中，观察示波器波形，并做好记录。

表 4-10 定子绕组中电流和频率的关系

序 号						
f/Hz						
I/A						

4. 平均转速和脉冲频率的关系

接通电源，将电动机设为三相单三拍连续运转的状态下。先设定步进电动机运行的步数 N，最好为 120 的整数倍。利用控制屏上定时兼报警记录仪记录时间 t（单位：分钟），具体的操作方法为：复位键时钟按钮被弹出，开始计时，复位键时钟按钮被按下，停止计时。改变速度调节旋钮，测量频率 ν 与对应的转速 n，即 $n=f(\nu)$。记录 5 ~ 6 组数据于表 4-11 中。

表 4-11 平均转速和脉冲频率的关系

序 号						
ν/Hz						
n/（r/min）						

技能考核

1. 考核任务

每 3 ~ 4 位学生为一组，完成以上实验，计算相关参数。

2. 考核要求及评分标准

（1）实验所用设备（见表 4-12）

表 4-12 实验所用设备

序号	型号	名称	数量	备注
1	HK01	电源控制屏	1件	
2	HK02	实验桌	1件	
3	HK03	涡流测功系统导轨	1件	
4	HK54	步进电动机控制箱	1件	
5	HK54	步进电动机	1件	
6		弹性联轴器、堵转手柄及圆盘	1套	
7		双踪示波器	1台	自备

（2）考核内容及评分标准（见表 4-13）

表 4-13　考核内容及评分标准

序号	考核内容	配分	评分标准
1	单步运行状态（含正、反向操作）	20	线路连接正确 5 分 实验操作正确 5 分 正确分析现象得出结论 10 分
2	角位移和脉冲数的关系	35	线路连接正确 5 分 实验操作正确 10 分 数据记录精确 10 分 正确分析数据得出结论 10 分
3	定子绕组中电流和频率的关系	25	线路连接正确 5 分 试验操作正确 5 分 数据记录精确 5 分 正确分析数据得出结论 10 分
4	平均转速和脉冲频率的关系	20	线路连接正确 5 分 实验操作正确 5 分 数据记录精确 5 分 正确分析数据得出结论 5 分

知识拓展

　　近年来，数字技术和电子计算机的迅速发展为步进电动机的应用开辟了广阔的前景。目前，我国已较多地将步进电动机用于机械加工的数控机床中。它在绘图机、轧钢机的自动控制以及自动记录仪表和数模变换等方面也得到很多应用。

　　下面以数控机床中的步进电动机为例，介绍步进电动机的应用。

　　在现代工业中，如果要求加工的机械零件形状复杂，数量多，精度高，利用人工操作不仅劳动强度大，生产效率低，而且难以达到所要求的精度。例如，图 4-27 所示的是铣床加工复杂零件劈锥，形状比较复杂，精度要求比较高，用普通机床或仿形机床加工都是有困难的；通常用坐标镗床一点一点地加工，然后进行人工修整，这样耗费的时间就太长了。

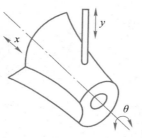

图 4-27　铣床加工复杂零件劈锥

　　为了缩短生产周期，提高生产效率，可用程序控制铣床进行加工。铣床需要做以下 3 种动作：

　　① 铣刀做径向移动（Y 方向）。

　　② 工件以轴为中心做旋转运动（θ 方向）。

③ 工件沿轴向移动（X方向）。

为了达到精度要求，对这 3 种动作必须非常准确地进行控制。数字程序控制铣床就是可以准确地进行自动控制的机床。在数控铣床中，上面 3 个方向的动作分别由 3 个步进电动机即 Y 方向步进电动机、X 方向步进电动机、θ 方向步进电动机来拖动，每一个方向步进电动机都由电脉冲控制。加工零件时，根据零件加工的要求和加工的工序编制计算机程序语言，并将该程序送入电子计算机；计算机就对每一方向的步进电动机给出相应的控制电脉冲，指令步进电动机按照加工的要求依次做各种动作，如转速加快、减慢、启动、停止、正转、反转等；然后步进电动机再通过滚珠丝杠带动机床运动。数控机床工作示意图如图 4-28 所示。

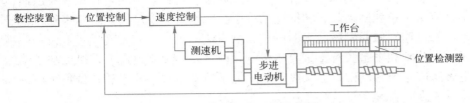

图 4-28　数控机床工作示意图

这样，由于机床各个方向都严格地按照根据零件加工的形状所编的控制程序协调地动作，因此可以不要人工操作就能自动地加工出精度高、形状复杂的零件。由此可见，利用数控机床加工零件不但可以大大地提高劳动效率，而且加工精度也高。除数控铣床外，还有数控车床、数控钻床、线切割机床等，其工作原理都与数控铣床相类似。

从以上所述可以看出，步进电动机是数控机床中的关键元件。目前，步进电动机的功率做得越来越大，已生产出所谓"功率步进电动机"。它可以不通过力矩放大装置，直接由功率步进电动机来带动机床运动，从而提高了系统精度，简化了传动系统的结构。

从数控机床加工过程来看，自动控制系统对步进电动机的基本要求是：

① 步进电动机在电脉冲的控制下能迅速起动、正反转、停转及在很宽的范围内进行转速调节。

② 为了提高精度，要求一个脉冲对应的位移量小，并要准确、均匀。这就要求步进电动机步距小、步距精度高，不得丢步或越步。

③ 动作快速。即不仅起动、停步、反转快，而且能连续高速运转以提高劳动生产率。

④ 输出转矩大，可直接带动负载。

练 习 题

参考答案

项目4任务2

1．影响步进电动机步距的因素有哪些？

2．平均转速和脉冲频率的关系怎样？为什么这里要特别强调的是平均转速？

3．各种通电方式对性能有什么影响？

4．步进电动机技术指标中的步距角有时为两个数，如步距 1.5°/3°，试问这是什么意思？

5．一台五相十拍运行的步进电动机，转子齿数 Z_R=48，在 A 相绕组中测得电流频率为 600Hz，求：（1）电动机的步距角；（2）转速。

6．什么是步进电动机的单三拍、单双六拍和双三拍工作方式？

任务 ③ 无刷直流电动机及其应用

无刷直流电动机的主要优点是调速和起动特性好，堵转转矩大，因而被广泛应用于各种驱动装置和伺服系统中。无刷直流电动机是近年来随着电子技术的迅速发展而发展起来的一种新型直流电动机。它是现代工业设备、现代科学技术和军事装备中重要的机电元件之一。无刷直流电动机以法拉第的电磁感应定律为基础，而又以新兴的电子技术、数字技术和各种物理原理为后盾，因此它具有很强的生命力。

🎯 任务目标

（1）掌握无刷直流电动机的结构和工作原理。
（2）掌握无刷直流电动机的应用。

⚙ 任务引导

1．无刷直流电动机的结构

无刷直流电动机具有旋转的磁场和固定的电枢。这样，电子开关线路中的功率开关元件，如晶体管或可控硅等可直接与电枢绕组连接。

另外，在电动机内，装有一个位置传感器，用来检测主转子在运行过程中的位置。它与电子开关线路一起，代替了有刷直流电动机的机械换向装置。

综上所述，无刷直流电动机由下列三大部分组成（见图4-29）：

图片
无刷直流
电动机

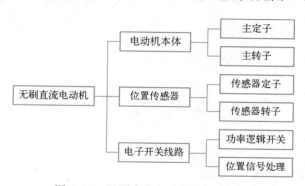

图 4-29　无刷直流电动机的组成框图

- 电动机本体—带有电枢绕组的主定子和主转子。
- 位置传感器。
- 电子开关线路。

（1）电动机本体

电动机本体的主要部件有主转子和主定子。无刷直流电动机结构图如图 4-30 所示。

① 主定子。主定子是电动机本体静止部分，由导磁的定子铁芯、导电的电枢绕组及固定铁芯和绕组用的一些零部件、绝缘材料、引出部分等组成，如机壳、绝缘片、槽楔、引出线及环氧树脂等。主定子铁芯由硅钢片叠成，取用硅钢片的目的是减小主定子的铁损耗。硅钢片冲成带有齿槽的环形冲片，在槽内嵌放电枢绕组。槽数视绕组的相数和极对数而定。为减小铁芯的涡流损耗，冲片表面涂绝缘层或做磷化处理。为了减小噪声和寄生转矩，定子铁芯采用斜槽（一般斜一个槽距）处理，即在叠装好后的铁芯槽内放置槽绝缘和电枢线圈，然后整形、浸漆，最后把主定子铁芯压入机壳。有时为了增加绝缘和机械强度，还宜采用环氧树脂进行灌封。

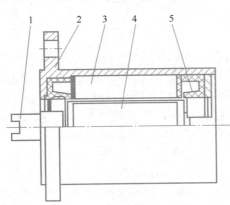

1—转轴；2—机壳；3—定子铁芯；4—磁钢；5—轴承

图 4-30　无刷直流电动机结构图

② 主定子绕组。主定子绕组是电动机本体的一个最重要部件。当电动机接上电源后，电流流入绕组，产生磁势，后者与转子产生的激磁磁场相互作用而产生电磁转矩。当电动机带着负载转起来以后，便在绕组中产生反电动势，吸收了一定的电功率并通过转子输出一定的机械功率，从而实现了将电能转换成机械能的过程。绕组在实现能量的转换过程中起着重要的作用，因此，对绕组的要求为：一方面它能通过一定的电流，产生足够的磁势以得到足够的转矩；另一方面结构要简单，运行可靠，并应尽可能地节省有色金属和绝缘材料。

绕组一般分为集中绕组和分布绕组两种。前者工艺简单，制造方便，但因绕组集中在一起，空间利用率差，发热集中，对散热不利。后者工艺复杂，但能克服前者的一些不足。绕组由许多线圈连接而成。每个线圈（也叫绕组元件）是由漆包线在绕线模上绕制而成的。线圈的直线部分放在铁芯槽内，其端接部分有两个出线头，把各个线圈的出线头按一定规律连接起来，即得到主定子绕组。图 4-31 为无刷直流电动机主定子绕组接线图。

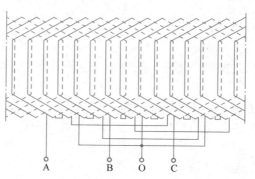

图 4-31　无刷直流电动机主定子绕组接线图

③ 主转子。主转子是电动机本体转动的部分，是产生激磁磁场的部件。它由三部分组成：永磁体、导磁体和支撑零部件。永磁体和导磁体是产生磁场的核心，由永磁材料和导磁材料组成。无刷直流电动机常采用的永磁材料有下列几种：铝镍钴、铁氧体、钕铁硼及稀土钴永磁材料等。导磁材料一般用硅钢、电工纯铁等。

（2）位置传感器

位置传感器是实现无接触换向的一个极其重要的部件，用于检测主转子的位置。位置传感器可分为接触式和无接触式两种。接触式位置传感器出现较早，它结构简单、紧凑，用于比较简易的场合。它把有刷直流电动机的大电流直接接触改为小电流接触，再通过放大后把电源加到电枢绕组中去。但是，这种结构仍然存在机械接触，当在强烈振动、高真空及腐蚀性介质中工作时，其运行不可靠，甚至有危险，不便维修。无接触式位置传感器则能弥补上述不足。

提　示

位置传感器是组成无刷直流电动机系统的三大部分之一，也是区别于有刷直流电动机的主要标志。

目前无刷直流电动机中常用的位置传感器有以下几种：

① 电磁式位置传感器，它是利用电磁效应来实现其位置测量作用的，有开口变压器、铁磁谐振电路、接近开关等多种类型。

② 光电式位置传感器，它是利用光电效应制成的，由跟随电动机转子一起旋转的遮光板和固定不动的光源及光电管等部件组成。

③ 磁敏式位置传感器，它是指某些参数按一定规律随周围磁场变化的半导体敏感元件。其基本原理为霍尔效应和磁阻效应。

④ 光电编码器式位置传感器，通常采用混合式光电编码器。所谓混合式光电编码器就是在增量式光电编码器的基础上，结合了一个用于检测无刷直流电动机磁极位置的光电式位置传感器。

⑤ 旋转变压器，可以检测出转子的运动速度和系统的位置信息。旋转变压器它所配用的 R/D（旋转变压器轴角/数字转角器）可以检测转子两个绕组输出电压的振幅比，以此求取旋转变压器的转子角位置，这种方式称为跟踪方式；旋转变压器作为移相器用时通用旋转变压器定子为两相励磁绕组，转子为一相输出绕组，R/D 转换器被用来检测输出信号的相位变化，这种方式称为相位检测方式。

（3）电子开关线路

电子开关线路和位置传感器相配合，起到与机械换向相类似的作用。所以，电子开关线路也是无刷直流电动机实现无接触换向的一个重要组成部分。电子开关线路的任务是将位置传感器的输出信号进行解调与放大，再进行功率放大，然后去触发末级功率晶体管，使电枢绕组按一定的逻辑程序通电，保证电动机可靠运行。

一般说来，对电子开关线路的基本要求是：线路简单、运行稳定可靠、体积小、重量轻、功耗小、能按照位置传感器的信号进行正确换向，并能控制电动机的正反转、能满足不同环境条件的要求并长期运行。

2. 无刷直流电动机的工作原理

在无刷直流电动机中，借助反映主转子位置的位置传感器的输出信号，通过电子开关线路去驱动与电枢绕组连接的相应的功率开关元件，使电枢绕组依次馈电，从而在主定子上产生跳跃式的旋转磁场，拖动永磁转子旋转。随着永磁转子的转动，位置传感器不断地送出信号，以改变电枢绕组的通电状态，使得在某一磁极下导体中的电流方向始终保持不变。这就是无刷直流电动机的无接触式换流过程的实质。无刷直流电动机工作原理的方框图如图 4-32 所示。

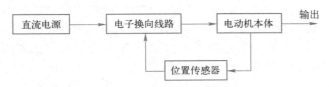

图 4-32　无刷直流电动机工作原理的方框图

在无刷直流电动机中，电枢绕组和相应的功率开关元件的数目不可能很多，与有刷直流电动机相比，它产生的电磁转矩波动比较大。

任务实施

（1）测量定子绕组的冷态直流电阻

将电动机在室内放置一段时间，用温度计测量电动机绕组端部或铁芯的温度。当所测温度与冷却介质温度之差不超过 2K 时，即为实际冷态。记录此时的温度和测量定子绕组的直流电阻，此阻值即为冷态直流电阻。

交流绕组电阻测量线路如图 4-33 所示。直流电源用主控屏上电枢电源并先调到 50V。开关 S 选用 D51 挂件上的双刀双掷开关，R 选用 1800 Ω 可调电阻。

量程的选择：测量时通过的测量电流应小于额定电流的 20%，约为 50mA，因而直流电流表的量程用 200mA 挡，直流电压表量程用 20V 挡。

按图 4-33 所示接线。把 R 调至最大位置，合上开关 S，调节直流电源及 R 阻值使实验电流不超过电动机额定电流的 20%，以防因实验电流过大而引起绕组的温度上升，读取电流值，再读取电压值。

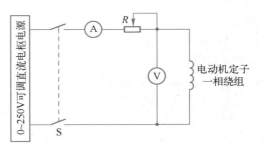

图 4-33　交流绕组电阻测量电路

调节 R 使电流表分别为 50mA，40mA，30mA，测量绕组冷态直流电阻三次，取其平均值，测量定子三相绕组的电阻值，记录于表 4-14 中。

表 4-14　测量冷态直流电阻　　　　　　室温_____℃

	绕 组 Ⅰ			绕 组 Ⅱ			绕 组 Ⅲ		
I/mA									
U/V									
R/Ω									
$R_{\text{平均}}/\Omega$									

（2）位置传感器的输出观测

如图 4-34 所示，本实验装置所使用的直流无刷电动机采用二二导通、三相六状态 PWM 调制方式。位置传感器输出信号为：011、001、101、100、110、010 六种状态。不同的位置传感器对应着功率管的不同导通状态。

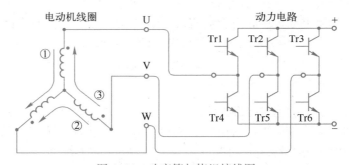

图 4-34　功率管与绕组接线图

把无刷电动机的位置传感器的输出端连接至实验箱，将示波器的两个探头插入 HK93 上的位置信号检测孔。打开 HK93 挂箱的电源开关，调节控制屏三相调压器输出为 220V，将单相交流电压加到 HK93 上的电源输入孔，把钮子开关拨至正转，按下 HK93 上的"起动"按钮，调节电位器至 1/2 周左右。手动旋转电动机，用示波器观察面板上位置传感器的状态，用交流电压表分别测量 U、V、W 每两相之间的电压，通过电压的大小来判断 6 个功率管的开通关断，并填入表 4-15 中。

表 4–15　正转

H1	H2	H3	导通的管子
1	1	0	

把电动机状态设为反转，再进行一次实验，把结果填入表 4–16 中。

表 4–16　反转

H1	H2	H3	导通的管子
1	1	0	

（3）空载损耗实验

按图 4–35 所示接线，输入交流电压 220V，并保持不变。调节 HK93 调速电位器，使转速在表 4–17 中所示数值时记录 I、P_1 各参数（涡流测功机不加载）。

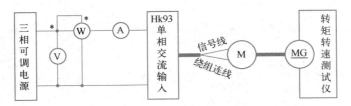

图 4–35　空载损耗实验接线图

表 4–17　$U_N=220V$

序 号	$n/(\text{r/min})$	I/A	$S=UI/\text{W}$	P_1/W	$\cos\varphi_1$
1	0				
2	300				

序 号	$n/(r/min)$	I/A	$S=UI/W$	P_1/W	$\cos\varphi_1$
3	600				
4	900				
5	1200				
6	1500				
7	1800				
8	2100				

（4）直流无刷电动机的工作特性

输入交流电压220V，并保持不变。调节控制屏上涡流测功机的给定调节旋钮给直流无刷电动机加载，使电动机达到$n=n_N=1500r/min$，$P_2=100W$。逐渐减载，从额定负载到空载，测量各参数，记录U、I、P_1、T_2、P_2、n于表4-18中。

表4-18　$U=U_N=220V$

序号	U/V	I/A	$S=UI(W)$	$P1/W$	$n/(r/min)$	$T_2/(N \cdot m)$	P_2/W	$\cos\varphi_1$	$\eta(\%)$
1									
2									
3									
4									
5									
6									
7									

技能考核

1. 考核任务

每3～4位学生为一组，完成以上实验，计算相关参数。

2. 考核要求及评分标准

（1）实验所用设备（见表4-19）

表 4-19　实验所用设备

序号	型号	名称	数量	备注
1	HK01	电源控制屏	1件	
2	HK02	实验桌	1件	
3	HK03	涡流测功系统导轨	1件	
4	HK54	直流无刷电动机控制器	1件	
5	HK54	直流无刷电动机	1件	
6		示波器		

（2）考核内容及评分标准（见表 4-20）

表 4-20　考核内容及评分标准

序号	考核内容	配分	评分标准
1	测量定子绕组的冷态直流电阻	20	线路连接正确 5 分 实验操作正确 5 分 数据基本正确 10 分
2	位置传感器的输出观测	20	线路连接正确 5 分 实验操作正确 5 分 数据记录精确 10 分
3	空载损耗实验	30	线路连接正确 5 分 实验操作正确 5 分 数据记录精确 5 分 正确分析数据得出结论 15 分
4	直流无刷电动机的工作特性	30	线路连接正确 5 分 实验操作正确 5 分 数据记录精确 5 分 正确分析数据得出结论 15 分

🔍　知识拓展

1. 无刷直流电动机在数控机床中的应用

数控（Numerical Control，NC），即通过数字信息来自动控制刀具实现加工的机床，即通常所说的数控机床。具体来说，它是通过数字指令自动完成机床各坐标轴的协调运动，准确地控制机床移动部件的位移量，并按加工动作顺序自动地控制机床的各个部件的动作，高效、高精度、高柔性地完成复杂零件的加工。数控机床作为一个加工母机，半个多世纪以来，经过了几代的发展，不断更新换代，时至今日形成了以微型计算机为基础的数控系统（Computer Numerical Control System，CNC），它由伺服电动机、伺服驱动器及位置检测反馈环节等所组成的伺服系统发出位移 / 速度指令信号，使执行元件伺服电动机驱动刀具按指令所规定的速度移动，配合主轴驱动系统，加工出符合所要求质量的零件。20 世纪 90 年代以来，在高精度的机床数控设备进给伺服控制中相当多地采用了同步型伺服电动机，取代宽调速的直流伺服电动机。近年来，在新一代数控机床的进给伺服控制中采用永磁无刷直流伺服电动机，提高了数控机床的快速性和加工效率，它已成为新的研究和应用热点。

2. 无刷直流电动机在空调机中的应用

现代家庭中的家用电器越来越多，目前，以变频空调器、变频冰箱、变频洗衣机为代表的变频家用电器逐步进入我国消费市场，而且变频家用电器正在由"交流变频"向俗称的"直流变频"转变，这已是很明显的发展趋势。过去采用的是单相异步电动机或 VVVF 变频器供电的异步电动机，现已被永磁无刷直流电动机及其控制器所取代。这种由"交流变频"向"直流变频"的转变使变频家用电器在节能高效、低噪声、舒适性、智能化等方面都有了新的提高。

1998 年以来，我国变频空调发展迅速，空调开始了直流化进程。无刷直流电动机在较大的转速范围内可以获得较高的效率，更适合家电的需要。日本的变频空调的全直流化早已批量生产。我国的变频压缩机厂家已开始采用无刷直流电动机来代替三相交流感应电动机，出现了以永磁无刷直流电动机驱动压缩机和室内外风机的所谓全直流化空调，它更节能，更舒适。上海日立公司先后引进了型号为 SG、SH 交流和直流调速空调压缩机生产技术，产品等级不断提升，基本上与国外品牌保持同步。

空调器室外风机中采用无刷直流电动机的越来越多，一般采用嵌入式槽绝缘，三相集中绕组，星形联结；转子采用圆环黏结铁氧体，8 极，无位置传感器，采用反电动势换相技术。也有的采用外转子结构的无刷直流电动机，用于空调器换气离心式风机。该电动机定子铁芯为 9 槽，采用三相集中绕组、星形联结，转子极数有 6 极和 12 极两种，采用黏结钕铁硼永磁材料，转速为 1000 ～ 6000r/min 可调。

3. 无刷直流电动机在电动自行车中的应用

目前，用于电动自行车上的电动机有两大类：一类是带减速齿轮的有刷电动机，它又分盘式结构和圆柱结构两种；另一类是不带减速齿轮的直接驱动的无刷直流电动机。它的转子磁钢采用钕铁硼永磁材料，电动机效率高，体积和重量较小。

电动自行车中的电动机的开发和生产速度很快。日本 HONDA 公司开发的无刷直流电动机，其转子采用非导磁的不锈钢，将稀土磁体包卷嵌入转子叠片中，在结构上将减速齿轮和换相控制电路均装在同一机壳内，坚固可靠，输出转矩大，效率高（超过 85%）。

目前已有 4 种无刷直流电动机产品（电压 24V，功率 150W 和 200W；

电压 48V，功率 300W 和 600W）可用在电动自行车、残疾人用的电动车和电动摩托车上。国内电动自行车 2000 年时年销量还只有 50 万辆，2005 年已达到 800 万辆。电动自行车的车速一般限制在 20km/h。所采用的无刷直流电动机的功率一般不大于 200W。电动摩托车中的无刷电动机功率为 0.8kW、1.1kW、1.5kW、2.4kW 不等。

练 习 题

1. 将无刷直流电动机与永磁式同步电动机及直流电动机做比较，分析它们的相同点和不同点。

2. 位置传感器的作用如何？改变每相开始导通的位置角及导通角，对电动机性能会产生怎样的影响？

3. 电动机采用多对极时，位置传感器应做怎样的设计？

4. 无刷直流电动机能否采用一个电枢绕组？为什么？

5. 无刷直流电动机能否用于交流电源供电？

6. 无刷直流电动机的应用主要体现在哪些方面？

参考答案
项目4任务3

任务 ④　测速发电机及其应用

测速发电机的作用是把输入的转速信号转换成输出的电压信号，例如，在电力拖动自动控制系统中，通过对转速的检测，构成转速负反馈闭环调速系统，达到改善系统调速性能的目的。

对测速发电机的基本要求是：

- 输出电压与转速之间有严格的正比关系，以达到高精度的要求。
- 在一定的转速时所产生的电动势及电压应尽可能得大，以达到高灵敏度的要求。

测速发电机可分为直流测速发电机和交流测速发电机，下面分别加以介绍。

图片
测速发电机

视频
直流测速发电机在冷轧板材自动控制系统中的应用

◎　任务目标

（1）掌握直流测速发电机的结构和工作原理。

（2）掌握交流测速发电机的结构和工作原理。

（3）掌握测速发电机的应用。

※　任务引导

1. 直流测速发电机

直流测速发电机有两种：一种是电励磁式直流测速发电机，另一种是永磁式直流测速发电机，其基本结构和工作原理与普通直流发电机相同。

（1）结构

直流测速发电机是一种微型直流发电机，其结构与直流发电机相同，都由定子和转子组成。

（2）输出特性

输出特性，即直流测速发电机的输出电压 U 随转速 n 变化，它是一条通过坐标原点的直线。输出电压计算公式为

$$U = E_0 - IR_a = E_0 - \frac{U}{R_L}R_a$$

$$U = \frac{C_e\Phi_0}{1+\dfrac{R_a}{R_L}}n = Cn$$

（3）输出特性的误差

由输出电压的公式表明直流测速发电机有负载时，如果 F、R_a 及 R_L 保持为常数，则输出电压 U 在转速 n 的一定范围内保持一定的线性关系，超过一定的转速，输出电压 U 下降。不仅如此，当 R_L 减小时，线性误差增大，特别是在高速时，如图 4-36 所示。

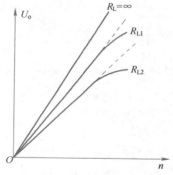

图 4-36　直流测速发电机输出特性（图中 $R_{L1} > R_{L2}$）

线性误差主要由电枢反应引起。所谓电枢反应就是电枢电流产生的磁场对磁极磁场的影响，使发电机内的合成磁通小于磁极磁通。电流越大，磁通 Φ 就越小，线性误差就越大。所以在直流测速发电机的技术数据中有"最小负载电阻和最高转速"一项，即在使用时所接的负载电阻的阻值不得小于最小负载电阻的阻值，转速不得高于最高转速，否则线性误差会增大。

因此，影响因素测速发电机输出特性产生误差的原因大致如下：电枢电阻和负载电阻、电枢反应和换向、温度。

（4）消除误差的方法

① 在激磁回路中加温度补偿电阻。

② 采用热稳定性好的永久磁铁。

③ 将发电机设计在工作于磁化曲线的饱和段。

④ 在极间加装热敏磁分流片。

提　示

为了减小电枢反应对输出特性的线性影响，直流测速发电机的技术条件中规定了最大线性工作转速和最小负载电阻。

2. 交流异步测速发电机

（1）结构

交流异步测速发电机结构示意如图 4-37 所示。

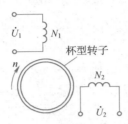

图 4-37　交流异步测速发电机结构示意图

交流异步测速发电机的结构与交流伺服电动机的结构是完全一样的。它的转子可以做成非磁杯型的，也可以是笼型的。笼型转子异步测速发电机输出斜率大，但特性差、误差大、转子惯量大，一般只用在精度要求不高的系统中。非磁杯型转子异步测速发电机的精度较高，转子的惯量也较小，是目前应用最广泛的一种交流测速发电机，如图 4-37 所示。

杯型转子异步测速发电机的结构与杯形转子交流伺服电动机一样，它的转子也是一个薄壁非磁性杯，通常用高电阻率的硅锰青铜或锡锌青铜制成。定子上嵌有空间互差 90° 电角度的两相绕组，其中一个绕组 N_1 为励磁绕组，另一个绕组 N_2 为输出绕组。在机座号较小的发电机中，一般把两相绕组都放在内定子上；在机座号较大的发电机中，常把励磁绕组放在外定子上，把输出绕组放在内定子上。这样，如果在励磁绕组两端加上恒定的励磁电压 U_1，当发电机转动时，就可以从输出绕组两端得到一个其值与转速 n 成正比的输出电压 U_2，如图 4-37 所示。

（2）工作原理

交流测速发电机的工作原理如图 4-38 所示。

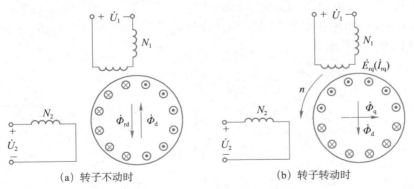

（a）转子不动时　　　　　　　（b）转子转动时

图 4-38　交流测速发电机工作原理

工作时，励磁绕组接频率为 f 的单相交流电源：

① 转子电流产生的磁通 F_{rd} 与励磁绕组产生的磁通方向相反，所以合成磁通 F_d 的方向仍沿 d 轴方向，输出绕组中的电压为 0。

② 当转子运动时，转子切割直轴磁通 F_d，在杯型转子中感应产生旋转电动势 E_r，其大小正比于转子转速 n，并以励磁磁场的脉振频率 f 交变，又因空心杯型转子相当于短路绕组，故旋转电动势 E_r 在杯型转子中产生交流短路电流 I_r，其大小正比于 E_r，其频率为 E_r 的交变频率 f，若忽视杯型转子的漏抗的影响，那么电流 I_r 所产生的脉振磁通 Φ_q 的大小正比于 E_r，在空间位置上与输出绕组的轴线（q 轴）一致，因此转子脉振磁场与输出绕组相交链而产生感应电动势 E，根据上述分析有：$n \propto E_r \propto I_r \propto \Phi_q \propto E$。

输出绕组感应产生的电动势 E 实际就是交流异步测速发电机输出的空载电压 U，其大小正比于转速 n，其频率为励磁电源的频率 f。

（3）产生误差的因素

- 绕组漏阻抗的影响。
- 发电机中各种电势的影响。
- 制造工艺的影响。

（4）消除误差的方法

- 在激磁电路及输出电路中加装电容。
- 采用电阻性负载，并加大负载电阻。
- 增大转子电阻。
- 在绕组中串入负温度系数的电阻，以补偿温度对于绕组电阻的影响。
- 减小零位误差的方法：采用不对称内定子、挤压定子；将激磁绕组和输出绕组分别装在内定子和外定子上，这样可以调整输出绕组在空间的位置，使其与激磁绕组产生的磁通的轴线垂直；刮削转杯，使其厚度均匀。

任务实施

按图 4-39 所示接线。图中直流电动机 M 选用 DJ25，做他励接法，永磁式直流测速发电机为 HK10，R_{f1} 选用 900 Ω 阻值，R_Z 选用 10k Ω/2W 电阻，把 R_{f1} 调至输出电压最大位置，电压表选择直流电压表的 20V 挡，S 选择控制屏上的开关并断开。

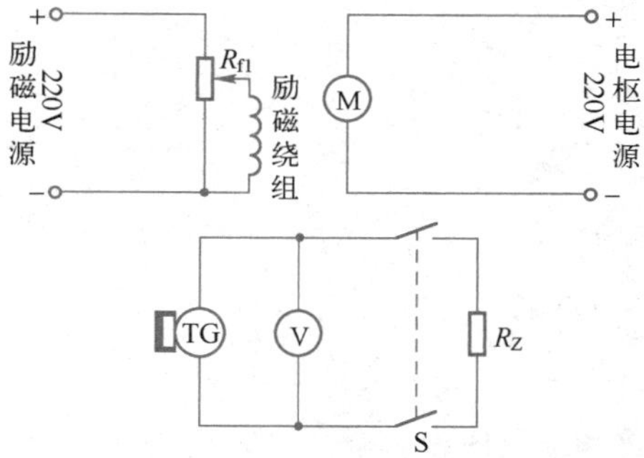

图 4-39　直流测速发电机接线图

先接通励磁电源，再接通电枢电源，并将电枢电源调至 220V，使电动机运行，调节励磁电阻 R_{f1} 使电动机转速达 2400r/min，然后减小励磁电阻 R_{f1} 和电枢电源输出电压使电动机逐渐减速，每 300r/min 记录对应的转速和输出电压。

共测取 8 ~ 9 组数据，记录于表 4-21 中。

表 4-21　断开开关 S 测试数据记录

$n/(\text{r/min})$									
U/V									

合上双刀双掷开关 S，重复上面步骤，记录 8 ~ 9 组数据于表 4-22 中。

表 4-22　合上开关 S 测试数据

$n/(\text{r/min})$									
U/V									

技能考核

1. 考核任务

每 3 ~ 4 位学生为一组，完成以上实验，计算相关参数。

2. 考核要求及评分标准

（1）实验所用设备（见表 4-23）

表 4-23　实验所用设备

序号	型号	名称	数量	备注
1	HK01	电源控制屏	1件	
2	HK02	实验桌	1件	
3	HK03	涡流测功系统导轨	1件	
4	DJ25	直流他励电动机	1件	
5		永磁式直流测速发电机	1件	

（2）考核内容及评分标准（见表 4-24）

表 4-24　考核内容及评分标准

考核内容	配分	评分标准
直流测速发电机实验	100	线路连接正确 20 分 实验操作正确 20 分 数据基本正确 10 分 $U=f(n)$ 曲线 50 分

知识拓展

测速发电机在自动控制系统中的应用还是很广泛的，下面介绍它在恒速控制中的应用。

图 4-40 为恒速控制系统的原理图。当直流电动机的负载阻力矩发生变化时，电动机的转速也随之改变。为了使旋转机械在给定电压不变时保持恒速，在电动机的输出轴上耦合一测速发电机，并将其输出电压与给定电压相减后加入放大器，再经放大后供给直流伺服电动机。当负载阻力矩由于某种偶然的因素减小，电动机的转速便上升，此时测速发电机的输出电压增大，给定电压与输出电压的差值变小，经放大后加到直流电动机的电压减小，电动机减速；反之，若负载阻力矩偶然变大，则电动机转速下降，测速发电机的输出电压减小，给定电压和输出电压的差值变大，经放大后加给电动机的电压变大，电动机加速。这样，尽管负载阻力矩发生扰动，但由于该系统的调节作用，使旋转机械的转速变化很小，近似于恒速。这里的给定电压取自恒压电源，因此改变给定电压便能达到所希望的转速。

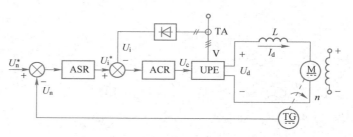

图 4-40　恒速控制系统的原理图

1．直流测速发电机的误差主要由哪些因素造成？

2．在自动控制系统中直流测速发电机主要起什么作用？

3．转子不动时，交流测速发电机为何没有电压输出？转动时，为何输出的电压值与转速成正比，但频率却与转速无关？

4．影响交流测速发电机性能的主要原因是什么？

5．直流测速发电机的电枢反应对其输出特性有何影响？在使用过程中应如何保证电枢反应产生的线性误差在限定的范围内？

6．简述直流测速发电机的输出特性以及负载增大时的输出特性。

参考答案
项目4任务4

思考与练习

参考答案
项目4思考与练习

一、填空题

1. 控制电动机主要对控制信号进行传递和变换，要求有较高的控制性能，如要求：_____、_____、_____。

2. 40齿三相步进电动机在双三拍工作方式下步距角为_____，在单、双六拍工作方式下步距角为_____。

3. 交流伺服电动机的控制方式有_____、_____、_____。

4. 无刷直流电动机转子采用_____，用_____和_____组成的电子换向器取代有刷直流电动机的机械换向器和电刷。

5. 异步测速发电机性能技术指标主要有_____、_____、_____和输出斜率。

6. 交流伺服电动机_____信号消失，而仍有角速度或角位移输出，称为自转现象。

二、选择题

1. 伺服电动机将输入的电压信号变换成（　　），以驱动控制对象。
   A. 动力　　　　B. 位移　　　　C. 电流　　　　D. 转矩和速度

2. 交流伺服电动机的定子铁芯上安放着空间上互成（　　）电角度的两相绕组，分别为励磁绕组和控制绕组。
   A. 0°　　　　　B. 90°　　　　C. 120°　　　　D. 180°

3. 步进电动机是利用电磁原理将电脉冲信号转换成（　　）信号的。
   A. 电流　　　　B. 电压　　　　C. 位移　　　　D. 功率

4. 旋转型步进电动机可分为反应式、永磁式和感应式三种。其中（　　）步进电动机由于惯性小、反应快和速度高等特点而应用最广。
   A. 反应式　　B. 永磁式　　　C. 感应式　　　D. 反应式和永磁式

5. 步进电动机的步距角是由（　　）决定的。
   A. 转子齿数　　　　　　　　B. 脉冲频率
   C. 转子齿数和运行拍数　　　D. 运行拍数

6. 由于步进电动机的运行拍数不同，所以一台步进电动机可以有（　　）个步距角。
   A. 一　　　　　B. 二　　　　C. 三　　　　D. 四

7. 无刷直流电动机是利用了（　　）来代替电刷和换向器。
   A. 电子开关线路和位置传感器　　B. 电子开关
   C. 传感器　　　　　　　　　　　D. 复杂设备

8. 无刷直流电动机与一般的直流电动机一样具有良好的伺服控制性能，可以通过改变（　　）实现无级调速。
   A. 电枢绕组电阻　　　　　　　B. 转子电阻
   C. 负载　　　　　　　　　　　D. 电源电压

9. 当交流测速发电机在伺服系统中用作阻尼元件时，应主要满足（　　　）。

　　A. 输出斜率大　　　　　　　　　B. 线性度高

　　C. 稳定度高　　　　　　　　　　D. 精确度高

10. 空心杯非磁性转子交流伺服电动机，当只给励磁绕组通入励磁电流时，产生的磁场为（　）磁场。

　　A. 脉动　　　　B. 旋转　　　　C. 恒定　　　　D. 不变

三、判定题

1. （　　　）对于交流伺服电动机，改变控制电压的大小就可以改变其转速和转向。

2. （　　　）当取消控制电压时，自动控制系统希望交流伺服电动机不能自转。

3. （　　　）步进电动机的转速与电脉冲的频率成正比。

4. （　　　）单拍控制的步进电动机控制过程简单，应多采用单相通电的单拍制。

5. （　　　）改变步进电动机的定子绕组通电顺序，不能控制电动机的正反转。

6. （　　　）控制电动机在自动控制系统中的主要任务是完成能量转换、控制信号的传递和转换。

7. （　　　）直流伺服电动机分为永磁式和电磁式两种基本结构，其中永磁式直流伺服电动机可看作他励式直流电动机。

8. （　　　）交流伺服电动机与单相异步电动机一样，当取消控制电压时仍能按原方向自转。

9. （　　　）为了提高步进电动机的性能指标，应多采用多相通电的双拍制，少采用单相通电的单拍制。

10. （　　　）对于多相步进电动机，定子的控制绕组可以是每相轮流通电，但不可以几相同时通电。

11. （　　　）直流测速发电机在使用时，如果超过规定的最高转速或低于规定的最小负载电阻，对其控制精度都有影响。

12. （　　　）测速发电机在控制系统中，输出绕组所接的负载可以近似做开路处理。如果实际连接的负载不大则应考虑其对输出特性的影响。

13. （　　　）直流测速发电机的电枢反应和延迟换向的去磁效应使线性误差随着转速的增高或负载电阻的减小而增大。

14. （　　　）无刷直流电动机不能采用交流电源供电。

15. （　　　）无刷直流电动机的绕组可以采用一相电枢绕组。

参考文献

1　胡幸鸣.电机及拖动基础 [M].北京：机械工业出版社，2002.
2　侯守军.电机与电气控制项目教程 [M].北京：国防工业出版社，2011.
3　李发海.电机与拖动基础 [M].北京：清华大学出版社，2012.
4　汤天浩.电机与拖动基础 [M].北京：机械工业出版社，2017.
5　王步来.电机与拖动基础 [M].西安：西安电子科技大学出版社，2016.
6　刘启新.电机与拖动基础 [M].北京：中国电力出版社，2012.
7　刘学军.电机与拖动基础 [M].北京：中国电力出版社，2016.
8　周渊深.电机与拖动基础 [M].北京：机械工业出版社，2013.
9　徐胜军.电机与拖动基础 [M].北京：机械工业出版社，2015.
10　刘景峰.电机与拖动基础 [M].北京：中国电力出版社，2016.

反侵权盗版声明